Basismathematik 8
Geometrie

Üben – Verstehen – Anwenden

von

Dieter Roth

Ausgabe B

unter Mitarbeit von
Walter Baumgartl

Dieses Buch gehört:	Schuljahr:
1.	
2.	
3.	
4.	
5.	
6.	

Bayerischer Schulbuch-Verlag · München

Gedruckt auf chlorfrei gebleichtem Papier

1993
1. Auflage
© Bayerischer Schulbuch-Verlag, München
Illustration: Bettina Buresch, München
Satz und Druck: Tutte Druckerei GmbH, Salzweg-Passau
ISBN 3-7627-3757-6

Vorwort

Üben – Verstehen – Anwenden: Dieser dreistufige Weg der Reihe *Basismathematik* kommt in besonderer Weise der Unterrichtspraxis entgegen. Die Schülerinnen und Schüler erhalten die Möglichkeit, grundlegenden Stoff ausführlich zu **üben**, vertieft zu **verstehen** und vielfältig **anzuwenden**, um so die Basis für den Einstieg in die „Höhere Mathematik" nachfolgender Jahrgangsstufen zu schaffen.

Jeder Abschnitt beginnt mit **Erklärungen, Regeln und Lehrsätzen,** durch die in übersichtlicher und kompakter Weise das notwendige Basiswissen vermittelt wird.

Daran schließen sich in allen Abschnitten vollständig ausgearbeitete **Beispiele** an, die gelb unterlegt sind. Diese Musteraufgaben sind so ausführlich, daß die Schülerinnen und Schüler ohne weiteres mit den typischen Anforderungen und Problemstellungen des jeweiligen Stoffes vertraut werden.

Das reichhaltige und vielfältige **Aufgabenmaterial** ist ein besonderes Kennzeichen der Reihe *Basismathematik*. Durch das Bemühen um die Lösung verschiedenartigster Aufgabentypen erlangen die Schülerinnen und Schüler vertiefte Einsicht in mathematische Zusammenhänge. Neben methodisch aufgebauten Übungsreihen stehen abwechslungsreiche Anwendungsaufgaben aus vielen Gebieten. Dies regt die Schülerinnen und Schüler in besonderem Maße zur selbständigen Beschäftigung mit mathematischen Fragestellungen an. Das umfassende Aufgabenangebot erfordert zwar ein gezieltes Auswählen der Aufgaben, erschließt dafür aber einen Freiraum, der nach Bedarf und Interesse ausgefüllt werden kann. Die Auswahl wird durch eine besondere Kennzeichnung der Aufgaben erleichtert.

Eine Sonderstellung nehmen Aufgaben aus der Schulaufgabensammlung ein. Mit ihnen können sich die Schülerinnen und Schüler selbständig und gezielt auf Schulaufgaben vorbereiten.

Die Abbildungen dieses Bandes sind dem Thema „Geometrie und Architektur" gewidmet und sollen dazu anregen, im Alltag den vielfältigen Beziehungen zwischen Baukunst und Mathematik nachzuspüren.

Wir wünschen Erfolg und Freude bei der Arbeit mit diesem Buch.

Inhalt

Zeichenerklärung:

■ Dieser Aufgabentyp ist für den jeweiligen Abschnitt grundlegend und zur Übung besonders empfehlenswert.

○ Diese Aufgaben sind als Zusatzangebot zu verstehen. Sie sind entweder besonders anwendungsbezogen, erweitern den Lehrstoff oder erfordern ein tieferes Verständnis.

Vierecke und ihre Eigenschaften

Parallelogramme – Trapeze – Drachenvierecke

Übliche Bezeichnungen am Viereck:

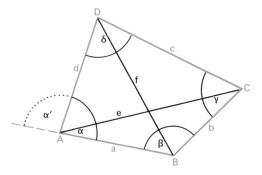

Eckpunkte: A, B, C, D (oder andere große Buchstaben).

Seitenlängen: a, b, c, d (oder andere kleine Buchstaben; meist entgegen dem Urzeigersinn; manchmal auch Bezeichnung für die Seiten selbst).

Innenwinkelmaße: α, β, γ, δ (meist der griechische Buchstabe des Eckpunkts; α' das zu α gehörige *Außenwinkelmaß*).

Diagonalen: e, f (meist auch Länge der Diagonalen).

Gegenecken: Randpunkte einer Diagonalen.

Gegenwinkel: Innenwinkel an Gegenecken.

$$\alpha + \beta + \gamma + \delta = 360°$$

Winkelsummensatz für Vierecke:

> In jedem Viereck beträgt die Summe der Innenwinkelmaße und die Summe der Außenwinkelmaße 360°.

> Ein Viereck, in dem je zwei Gegenseiten parallel sind, heißt *Parallelogramm*.
>
> Die Abstände der parallelen Gegenseiten heißen die *Höhen* des Parallelogramms.
>
>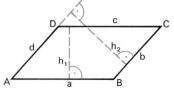

Eigenschaften des Parallelogramms:

> Genau Parallelogramme sind punktsymmetrische Vierecke mit dem Diagonalenschnittpunkt als Symmetriezentrum.[1]
>
>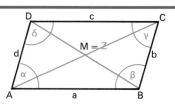
>
> Im Parallelogramm sind
> a) je zwei Gegenseiten gleich lang,
> b) je zwei Gegenwinkel gleich groß.
> c) Die Diagonalen halbieren sich gegenseitig.
>
> a) $a = c$, $b = d$
> b) $\alpha = \gamma$, $\beta = \delta$
> c) $\overline{AM} = \overline{CM}$, $\overline{BM} = \overline{DM}$

[1] Siehe Seite 118: Welche Vierecke sind punktsymmetrisch?

Ein Parallelogramm mit vier rechten Winkeln heißt *Rechteck*.

Zusätzliche Eigenschaften des Rechtecks:

a) Im Rechteck sind die Diagonalen gleich lang.

b) Das Rechteck besitzt einen Umkreis mit dem Diagonalenschnittpunkt als Umkreismittelpunkt.

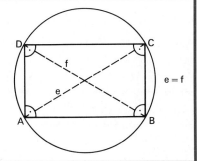

Ein Rechteck mit vier gleich langen Seiten heißt *Quadrat*.

Zusätzliche Eigenschaften des Quadrats:

a) Im Quadrat stehen die Diagonalen aufeinander senkrecht.

b) Das Quadrat besitzt einen Inkreis mit dem Diagonalenschnittpunkt als Inkreismittelpunkt.

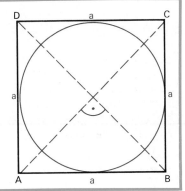

Ein Viereck, in dem nur zwei Gegenseiten parallel sind, heißt ein *Trapez*.[1]

Die Parallele zur Grundseite des Trapezes mit dem Abstand der halben Höhe heißt die *Mittellinie* des Trapezes.

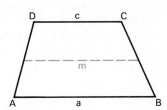

Für die Länge m der Mittellinie eines Trapezes mit den Grundseitenlängen a und c gilt:

$$m = \frac{a + c}{2}$$

[1] griech.: Tisch

Ein Viereck, bei dem eine Diagonale Symmetrie-achse ist, heißt *Drachenviereck*.

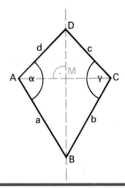

Eigenschaften des Drachenvierecks:

Im Drachenviereck gilt:
a) Es gibt zwei Paare gleich langer Seiten.
b) Eine Diagonale wird von der anderen senk-recht halbiert.
c) Es gibt zwei gleich große Winkel.

a) $a = b$, $c = d$
b) $AC \perp BD$, $\overline{AM} = \overline{MC}$
c) $\alpha = \gamma$

Beispiele

1. In der gezeichneten Figur sei β doppelt so groß wie α. Berechne die Innenwin-kel des Vierecks ABCD!

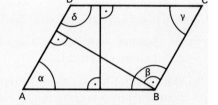

Lösung:

Da je zwei Gegenseiten ein gemein-sames Lot besitzen, ist ABCD ein Parallelogramm.

Dann ist: $\alpha + \beta = \alpha + 2\alpha = 3\alpha = 180°$

Also: $\alpha = 60°$; und weiter: $\gamma = \alpha = 60°$ und $\beta = \delta = 120°$

2. Im Viereck ABCD sei AB ∥ DC und $\beta = \delta$. Begründe, daß ABCD ein Parallelogramm ist!

Lösung:

Da AB ∥ DC ist $\beta_1 = \delta_1$ (Wechselwinkel an Parallelen). Dann gilt aber auch: $\beta_2 = \delta_2$, da $\beta = \delta$. Damit haben auch AD und BC gleich große Wechselwin-kel und sind somit parallel. Also ist ABCD ein Parallelogramm.

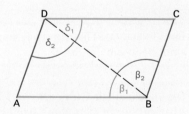

3. Spiegle ein beliebiges *Trapez* am Mit-telpunkt eines „Schenkels" (eine der nichtparallelen Seiten) und betrachte den Umriß der entstehenden Gesamt-figur! Was stellst du fest?

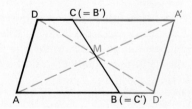

Lösung:

AD'A'D ist ein Parallelogramm, da aufgrund der Eigenschaften der Punktspiegelung B auf C abgebildet wird (und umgekehrt), und da Bildseiten parallel sind.

4. *Drachenvierecke mit „einspringender Ecke"*

Spiegle ein *stumpfwinkliges* Dreieck an einer der beiden kürzeren Seiten und betrachte den Umriß der entstehenden Gesamtfigur!

Lösung:

Es entsteht ein Drachenviereck von besonderer Form, nämlich mit einer sogenannten „einspringenden Ecke".

5. *Die Symmetriefamilien der Vierecke auf einen Blick*

Die symmetrischen Vierecke bestehen aus drei verschiedenen „Familien": *Parallelogramme, Drachen(vierecke), gleichschenklige Trapeze.*
Durch „Abkömmlinge 1. Grades" *(Rauten, Rechtecke)* und „Abkömmlinge 2. Grades" *(Quadrate)*, sind die Familien miteinander „verwandt":

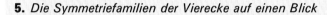

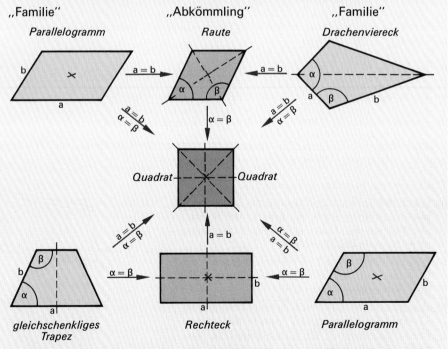

„Abkömmlinge 1. Grades" (Rauten, Rechtecke) sind zweifach achsensymmetrisch; „Abkömmlinge 2. Grades" (Quadrate) sind vierfach achsensymmetrisch. Alle Abkömmlinge sind punktsymmetrisch.

Aufgaben

*1. Wie viele Parallelogramme erkennst du in der gezeichneten Figur links?

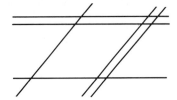
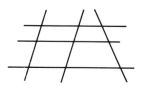

2. Wie viele Parallelogramme, wie viele Trapeze erkennst du in der gezeichneten Figur oben rechts?

3. Mit einem Zollstock lassen sich leicht verschiedene Parallelogramme formen. Warum ist das so? Benutze einen Zollstock zu diesem Zweck!

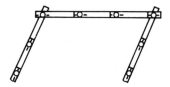

4. a) Spiegle das Dreieck ABC mit A $(0; -2)$, B $(4; 0)$, C $(2; 1)$ am Mittelpunkt der Seite AC und betrachte den Umriß der entstehenden Gesamtfigur! Warum ist diese ein Parallelogramm? Welche Seitenlängen besitzt es?

b) Spiegle einen beliebig vorgegebenen Winkel mit verschiedenen Schenkellängen am Scheitelpunkt. Wie entsteht so ein Parallelogramm? Kennst du dessen Innenwinkelmaße und Seitenlängen?

*5. Berechne die übrigen Innenwinkel eines Parallelogramms, wenn die Größe eines Innenwinkels $92°\,17'\,25''$ beträgt!

*6. Im Trapez ABCD gelte AB $\parallel$ CD, $\alpha = 32°$, $\gamma = 85°$. Berechne β und δ!

7. Im Trapez ABCD gelte AB $\parallel$ CD, AD $\perp$ BC, $\alpha = 20°$. Berechne β, γ, δ!

8. Im Trapez ABCD gelte AD $\parallel$ BC, $\alpha = \delta = 100°$. Berechne β und γ!

9. In einem diagonalsymmetrischen Viereck ABCD mit AC als Symmetrieachse ist α halb so groß wie γ und das $\frac{2}{9}$-fache von δ. Berechne α, β, γ, δ!

10. Experimentiere nochmal mit einem Zollstock:

a) Durch die Seitenlängen (und somit auch durch seinen „Umfang", d.h. die Summe der Seitenlängen) ist die Form eines Parallelogramms nicht bestimmt! Zeige dies!

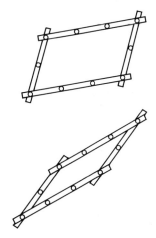

b) Welche Form besitzt ein Parallelogramm mit vorgegebenen Seitenlängen, wenn seine beiden Höhen am größten sind?

c) Was passiert mit der Höhe h_2 eines bestimmten „Zollstockparallelogramms", wenn man dieses ohne Veränderung der Seitenlängen so verbiegt, daß die Höhe h_1 nur noch die Hälfte (den dritten Teil; den vierten Teil) beträgt?

d) Prüfe nach, ob gilt: „Wird ohne Veränderung der Seitenlängen eine Höhe eines Parallelogramms um 1 cm (2 cm; 3 cm) kleiner, dann wird auch die andere Höhe um 1 cm (2 cm; 3 cm) kleiner"!

11. *Schiebetüren*

Erkläre den Mechanismus des gezeichneten Schiebetürmodells! Wie groß ist die Breite der Türöffnung?

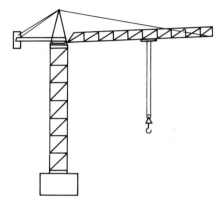

12. *Für große Lasten!*

Wie in den beiden letzten Aufgaben festgestellt, ist ein Parallelogramm, bei dem nur die Seitenlängen vorgegeben sind, nicht „stabil". Falls jedoch zusätzlich auch noch eine Diagonallänge fest gegeben ist, „rührt" sich an dem Parallelogramm nichts mehr.

Probiere auch dies anhand eines geeigneten Zollstockparallelogramms aus!

In der Technik nennt man solch eine stabilisierende Diagonale eine „Verstrebung" und erreicht damit große Belastbarkeit.

Erkläre in diesem Zusammenhang die übliche Konstruktion großer Baukräne!

•13. Besondere Parallelogramme

a) Ein Parallelogramm mit vier gleich langen Seiten heißt eine *Raute*.
   Sind folgende Sätze wahr?
   1. In der Raute stehen die Diagonalen aufeinander senkrecht.
   2. Die Raute ist punktsymmetrisch.

b) Wie heißt eine Raute, bei der die Diagonalen gleich lang sind?

Rauten:

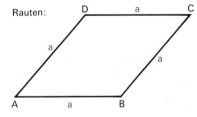

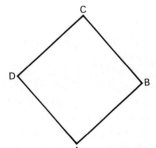

14. Verbinde die Seitenmitten in folgenden besonderen Parallelogrammen! Von welcher Form ist das entstehende Viereck jeweils? Begründung!

a) Raute:

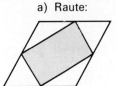

b) Rechteck:

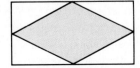

c) Quadrat:

˙15. Wahr oder falsch?

a) Das Parallelogramm ist achsensymmetrisch.

b) Kein Parallelogramm ist achsensymmetrisch.

c) Nur manche Parallelogramme sind punktsymmetrisch.

d) Manche Parallelogramme sind achsensymmetrisch.

e) Das Parallelogramm ist punktsymmetrisch.

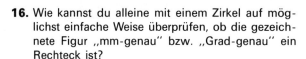

16. Wie kannst du alleine mit einem Zirkel auf möglichst einfache Weise überprüfen, ob die gezeichnete Figur „mm-genau" bzw. „Grad-genau" ein Rechteck ist?

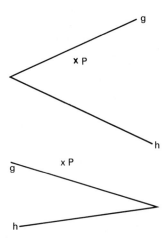

17. Konstruiere eine Strecke durch den Punkt P als Mittelpunkt so, daß die Endpunkte auf g und h liegen!

18. Lege eine Strecke von P aus so, daß der zweite Endpunkt auf h liegt und die Strecke von g halbiert wird!

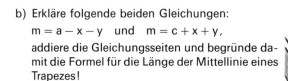

°38. a) Beweise:

Sind in einem Viereck je zwei gegenüberliegende Winkel gleich groß, so ist dieses Viereck ein Parallelogramm.

b) Zeichne ein Gegenbeispiel, mit dem du den folgenden Satz als falsch entlarvst:

Sind in einem Viereck zwei gegenüberliegende Winkel gleich groß, so ist dieses Viereck ein Parallelogramm.

20. Beweis einer wichtigen Formel

a) Legt man das blaue Rechteck so auf das Trapez ABCD wie in der gezeichneten Figur, dann erhält man zwei Paare kongruenter Dreiecke. Warum?

b) Erkläre folgende beiden Gleichungen:

$m = a - x - y$ und $m = c + x + y$,

addiere die Gleichungsseiten und begründe damit die Formel für die Länge der Mittellinie eines Trapezes!

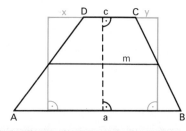

21. *Lärmschutz*

Ein neuer Lärmschutz an der Autobahn erwies sich schon nach kurzer Zeit als ziemlich wirkungslos. Jetzt soll seine Höhe verdoppelt werden. Welche Breite hat die Krone des Damms danach?

22. Eselsbrücke

Peter ist unsicher, ob $m = \dfrac{a+c}{2}$ oder $m = \dfrac{a+c}{3}$

die richtige Formel für die Länge der Mittellinie des Trapezes ist.

Auch Michael ist sich zunächst nicht sicher. Er weiß aber, daß die Länge der Seiten im „Mittendreieck" von Dreiecken gerade halb so groß ist, wie die der Seiten des Dreiecks selbst.

Da „geht ihm ein Licht auf" und er hilft Peter mit einem guten Tip! Welchem?

$c = 1 \text{ LE} \rightarrow c = 0,4 \text{ LE} \rightarrow c = ?$

„Schrumpfgeometrie":
Was wird aus einem Trapez, wenn c „schrumpft"?

'23. Ein *achsensymmetrisches* Trapez bildet ein *gleichschenkliges* Trapez. Dieses heißt dann auch *lotsymmetrisch*, da die Symmetrieachse Lot zu den parallelen Seiten ist.
Welche der folgenden Eigenschaften treffen auf jedes gleichschenklige Trapez zu?

a) Es gibt parallele Seiten.

b) Gegenwinkel sind gleich groß.

c) Die Diagonalen sind gleich lang.

d) Die „Schenkel" sind gleich lang.

e) Es gibt gleich große Winkel.

f) Die Diagonalen halbieren sich gegenseitig.

g) Die Verlängerungen der Schenkel schneiden sich höchstens auf der Achse.

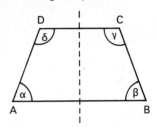

24. Überlege, ob man jeweils ein Drachenviereck erhält, wenn man ein rechtwinkliges Dreieck an einer seiner drei Seiten spiegelt!

'25. Welche der folgenden Eigenschaften treffen auf jedes Drachenviereck zu?

a) Alle Seiten sind gleich lang.

b) Es gibt Paare gleich langer Seiten.

c) Je zwei aneinanderstoßende Seiten sind gleich lang.

d) Die Diagonalen halbieren sich gegenseitig.

e) Eine Diagonale wird von der anderen senkrecht halbiert.

f) Je zwei Gegenwinkel sind gleich groß.

g) Es gibt zwei gleich große Winkel.

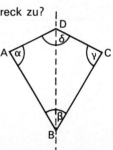

'26. Aus der Viereck-Familie

a) Wie heißen Vierecke, die sowohl *lotsymmetrisch* wie auch *diagonalsymmetrisch* sind? Wie viele Symmetrieachsen hat solch ein Viereck?

b) Begründe, warum ein beliebiges Rechteck kein Drachenviereck ist!

c) Wie heißen Vierecke, die gleichzeitig Parallelogramme und Drachenvierecke sind?

27. Der Schwerpunkt eines Vierecks

Nimm einen geeigneten viereckigen Gegenstand und untersuche, ob auch Vierecke einen „Schwerpunkt" besitzen!

Erläutere, warum der Schwerpunkt eines Vierecks nicht auf folgende Weise gefunden werden kann: „Der Schwerpunkt eines Vierecks ist der gemeinsame Schnittpunkt der Seitenhalbierenden"!

Viereckskonstruktionen

Zur Erinnerung:

In der Geometrie unterscheidet man zwischen „Skizzen", „Zeichnungen" und „Konstruktionen".

Die Darstellung einer geometrischen Figur ohne Hilfsmittel („mit freier Hand") nennt man eine „Skizze". (Geringe Genauigkeit!)

Die Darstellung mit bliebigen Hilfsmitteln, z.B. Schablonen, Zeichendreiecken, nennt man eine „Zeichnung". (Gute Genauigkeit – jedoch abhängig von der Art und Qualität der benutzten Hilfsmittel.)

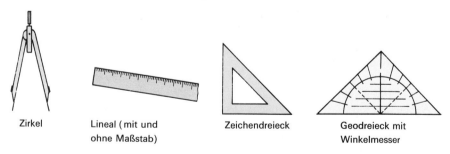

| Zirkel | Lineal (mit und ohne Maßstab) | Zeichendreieck | Geodreieck mit Winkelmesser |

> Die Darstellung einer geometrischen Figur mit den ausschließlichen Hilfsmitteln *Zirkel* und *Lineal* nennt man eine geometrische „Konstruktion".

„Abmessen" durch Anlegen eines Maßstabs oder eines Winkelmessers gilt demnach nicht als Konstruktion.

Im Geometrieunterricht der 7. Klasse hast du bereits erfahren, wie jedes durch drei Bestimmungsgrößen eindeutig gegebene Dreieck konstruiert werden kann.
Die Konstruktion von *Vierecken* (aber auch allgemeinerer Vielecke und geometrischer Figuren) erfolgt meist nach der Methode der *Teildreiecke*.

Beispiele

1. Konstruiere ein Parallelogramm ABCD aus $\overline{AB} = a = 4\,cm$, $\overline{BC} = b = 3\,cm$, $\alpha = 75°$!

Lösung:

Plan:

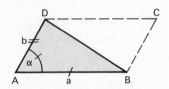

1. Eindeutige Konstruktion des Teildreiecks ABD nach SWS aus a, b, α.
2. C liegt
   a) auf dem Kreis k (D; a)
   b) auf dem Kreis k (B; b)

Konstruktionsbeschreibung:

Man zeichnet die Strecke [AB] so, daß $\overline{AB} = 4\,cm$. Dann trägt man in A an AB den Schenkel des Winkels mit dem Maß 75° an (Winkelübertragung des konstruierten 75°-Winkels). Auf diesem Schenkel wird von A aus die Strecke mit der Länge 3 cm abgetragen. Der Endpunkt ist D, und damit ist das Teildreieck ABD konstruiert. Zum Schluß schneidet man den Kreis um D mit Radius 4 cm mit dem Kreis um B mit dem Radius 3 cm. Einer der beiden Schnittpunkte ist der Eckpunkt C des Parallelogramms.

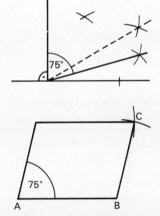

2. Entwerfe einen Konstruktionsplan für die Konstruktion eines Parallelogramms ABCD aus a, e und f!

Lösung:

Plan:

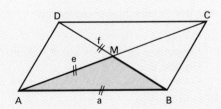

1. Eindeutige Konstruktion des Teildreiecks ABM nach SSS aus a und $\frac{e}{2}$ und $\frac{f}{2}$.

2. D und C erhält man durch Verlängerung der Strecken [BM] und [AM] über M hinaus jeweils um sich selbst.

15

3. Konstruiere ein Trapez aus der gegebenen
Länge der Differenz der Parallelseiten
$a - c = 4$ cm, den Schenkellängen
$b = 3$ cm und $d = 4,5$ cm sowie der Diagonalenlänge $f = 6$ cm!

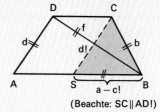

(Beachte: SC ‖ AD!)

Lösung:

Plan:

1. Teildreieck SBC konstruierbar nach
   SSS aus $a - c$, b, d.
2. D liegt
   a) auf der Parallelen zu SB durch C,
   b) auf dem Kreis k (B; f).
3. A liegt
   a) auf der Geraden SB,
   b) auf dem Kreis k (D; d).

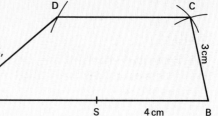

Aufgaben

°1. Konstruiere ein Rechteck ABCD aus $\overline{AC} = 5$ cm und dem Abstand 1,5 cm einer Ecke zur Diagonalen.

°2. Konstruiere Parallelogramme aus folgenden Maßen:

a) $a = 3$ cm; $b = 4$ cm; $\alpha = 60°$
b) $a = 4,2$ cm; $b = 3,5$ cm; $\beta = 45°$
c) $a = 4$ cm; $h_a = 3$ cm; $\alpha = 105°$
d) $h_a = 3$ cm; $h_b = 1,5$ cm; $\alpha = 30°$
e) $a = 3,5$ cm; $f = 4$ cm; $\gamma = 45°$
f) $b = 5$ cm; $e = 9$ cm; $|\angle (e, f)| = 135°$
g) $e = 5$ cm; $f = 6$ cm; $|\angle (e, f)| = 90°$

°3. Aus der Schulaufgabensammlung

a) Gruppe A
   Konstruiere ein Viereck aus $d = 9$ cm; $f = 7,2$ cm; $\alpha = 45°$; $|\angle (a, e)| = 22,5°$; $\gamma = 90°$!
   Gruppe B
   Konstruiere ein Viereck aus $b = 9$ cm; $e = 7,2$ cm; $\beta = 45°$; $\delta = 90°$; $|\angle (a, f)| = 22,5°$!
b) Gruppe A
   Konstruiere ein Viereck aus $a = 6$ cm; $b = 4$ cm; $f = 5$ cm; $|\angle (a, f)| = |\angle (c, f)| = 45°$!
   Gruppe B
   Konstruiere ein Viereck aus $a = 5$ cm; $d = 3$ cm; $e = 5,5$ cm; $|\angle (a, e)| = |\angle (c, e)| = 30°$!

c) Gruppe A
   Konstruiere ein diagonalsymmetrisches Viereck mit der Symmetrieachse BD aus $\overline{BD} = 5$ cm; $\overline{AC} = 4$ cm; $\alpha = 90°$!
   Gruppe B
   Konstruiere ein diagonalsymmetrisches Viereck mit der Symmetrieachse BD aus $\overline{AC} = 4$ cm; $\overline{BD} = 6$ cm; $\gamma = 90°$!

d) Gruppe A
   Konstruiere ein Parallelogramm aus $\overline{AC} = 5$ cm; $\overline{BD} = 8$ cm; $|\sphericalangle BAC| = 35°$!
   Gruppe B
   Konstruiere ein Parallelogramm aus $\overline{AC} = 10$ cm; $\overline{BD} = 6$ cm; $|\sphericalangle DBA| = 40°$!

e) Gruppe A
   Konstruiere ein Parallelogramm aus $e = 10$ cm; $d = 6$ cm; $h_a = 5,5$ cm!
   Gruppe B
   Konstruiere ein Parallelogramm aus $b = 7$ cm; $f = 10$ cm; $h_a = 6,5$ cm!

f) Gruppe A
   Konstruiere ein Parallelogramm aus $f = 7$ cm; $h_a = 4$ cm; $|\sphericalangle (e, f)| = 125°$!
   Gruppe B
   Konstruiere ein Parallelogramm aus $e = 11$ cm; $h_a = 5$ cm; $|\sphericalangle (e, f)| = 115°$!

g) Gruppe A
   Konstruiere ein Parallelogramm aus $e - a = 3$ cm; $b = 4,5$ cm; $|\sphericalangle ACB| = 35°$!
   Gruppe B
   Konstruiere ein Parallelogramm aus $f - d = 1$ cm; $a = 5,5$ cm; $|\sphericalangle DBA| = 50°$!

h) Gruppe A
   Konstruiere ein Quadrat aus der Summe der Längen von Seite und Diagonale!
   Gruppe B
   Konstruiere ein Quadrat aus der Differenz der Längen von Diagonale und Seite!

i) Gruppe A
   Konstruiere ein Trapez aus $a = 6$ cm; $b = 4,5$ cm; $e = 6,5$ cm; $\alpha = 73°$!
   Gruppe B
   Konstruiere ein Trapez aus $a = 7$ cm; $d = 4,5$ cm; $f = 7,5$ cm; $\beta = 69°$!

j) Gruppe A
   Konstruiere ein Trapez aus $a = 5$ cm; $c = 3$ cm; $e = 6$ cm; $f = 5$ cm!
   Gruppe B
   Konstruiere ein Trapez aus $a = 10,5$ cm; $b = 5,4$ cm; $c = 6$ cm; $d = 4,8$ cm!

Vektoren

Da die Gegenseiten eines Parallelogramms gleich lang und parallel sind, erzeugen *gleich orientierte* Gegenseiten dieselbe Verschiebung, die eine Parallelogrammseite auf die gegenüberliegende abbildet. (Vgl. die Pfeile $\overrightarrow{AB}$ und $\overrightarrow{DC}$ in Fig. a, die Pfeile $\overrightarrow{AD}$ und $\overrightarrow{BC}$ in Fig. b.)

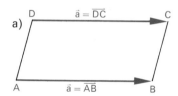

Die Menge aller *gleich langer, gleich gerichteter (paralleler)* und *gleich orientierter* Pfeile der Zeichenebene bilden einen *Vektor*[1].

Man sagt, jeder einzelne Pfeil „repräsentiert" seinen Vektor und nennt ihn deshalb auch einen „Repräsentanten" des Vektors.

Schreibweisen und Besonderheiten:

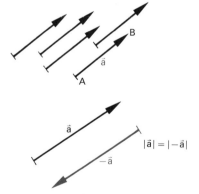

> Vektoren schreibt man mit Pfeil-Repräsentanten so: $\overrightarrow{AB}$ (gelesen: „Vektor AB") oder auch mit kleinen Buchstaben: $\vec{a}, \vec{b}, \vec{c}, \dots$
> Ändert man nur die Orientierung der Pfeile eines Vektors $\vec{a}$, so erhält man den *Gegenvektor* $-\vec{a}$.
> Die Maßzahl der Länge der Pfeile von $\vec{a}$ heißt *Betrag* des Vektors $\vec{a}$. Zeichen: $|\vec{a}|$.
> Ein Vektor mit dem Betrag 0 heißt *Nullvektor* $\vec{o}$.

---

[1] Vektor (lat.), so viel wie „Beweger".

Vektoren kann man an Hand ihrer Repräsentanten nach folgenden Regeln addieren und subtrahieren:

Grundregel der Vektoraddition:

Der Fuß des 2. Summanden schließt an die Spitze des 1. Summanden an.

Der Summenvektor zeigt vom Fuß des 1. Summanden zur Spitze des 2. Summanden.

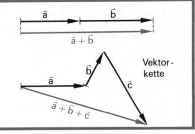

Grundregel der Vektorsubtraktion:

Statt einen Vektor zu subtrahieren, wird sein Gegenvektor addiert:

$$\vec{a} - \vec{b} = \vec{a} + (-\vec{b})$$

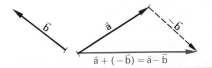

Parallelogrammregel der Vektoraddition

Der Summenvektor zweier Vektoren $\vec{a}$ und $\vec{b}$, deren Pfeile den gleichen Fußpunkt besitzen, wird von der *Diagonalen* des durch $\vec{a}$ und $\vec{b}$ erzeugten Parallelogramms gebildet.

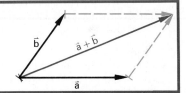

Beispiele

1. Konstruiere zu gegebenen Vektoren $\vec{a}$, $\vec{b}$, $\vec{c}$ den Vektor $\vec{a} + \vec{b} - \vec{c}$!

Lösung:
Siehe die gezeichnete Figur!

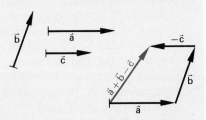

2. Konstruiere den Vektor $\vec{x}$, den man zu einem gegebenen Vektor $\vec{a}$ addieren muß, um einen gegebenen Vektor $\vec{b}$ als Summenvektor zu erhalten.
Mit anderen Worten: Löse die Vektorgleichung $\vec{a} + \vec{x} = \vec{b}$!

19

Lösung:
Wie in der Algebra rechnet man:
$\vec{a} + \vec{x} = \vec{b} \Rightarrow \vec{x} = \vec{b} - \vec{a}$.
Man zeichnet also den Vektor $\vec{b} - \vec{a}$, dies
ist der gesuchte Vektor $\vec{x}$.

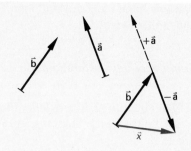

3. $\vec{a}$ und $\vec{b}$ seien gegebene Vektoren.
Löse die Vektorgleichung $\vec{a} - \vec{x} = \vec{b}$!

Lösung: $\vec{x} = \vec{a} - \vec{b}$
Siehe die gezeichnete Figur!

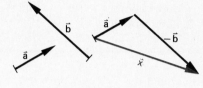

4. *Das Kräfteparallelogramm*

Kein Körper ändert von selbst seine
Geschwindigkeit oder seine Richtung.
Dies geschieht nur durch Einwirkung
einer *Kraft*. (In der Physik unterscheidet
man verschiedene „Kräfte", wie Mus-
kelkraft, Magnetkraft, Federkraft oder
Gewichtskraft.)

a)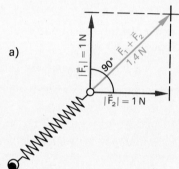

Die Wirkung einer Kraft hängt von
ihrem *Betrag* (physikalische Einheit: N
(„Newton")) und von ihrer *Richtung*
ab. Damit erweisen sich Kräfte als *Vektoren*.
Übliche Bezeichnung für (Kraft-)Vek-
toren: $\vec{F}$ („Force" (engl.) = „Kraft").

b)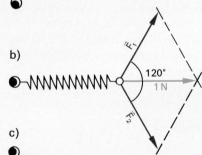

Greifen – was in der Praxis oft vor-
kommt – zwei Kräfte $\vec{F}_1$ und $\vec{F}_2$ am
gleichen Punkt an, so läßt sich ihre
gemeinsame Wirkung auch durch eine
einzige Kraft hervorrufen:

c)

Diese Kraft heißt *Ersatzkraft* und ist der
Summenvektor $\vec{F}_1 + \vec{F}_2$, also der von der
Diagonalen gebildete Vektor im „Kräfte-
parallelogramm" von $\vec{F}_1$ und $\vec{F}_2$.
Beachte, daß die Feder stets in Rich-
tung der (blauen) Ersatzkraft gedehnt
wird. Im Fall c) (kleinster Winkel zwi-
schen den Kräften) am weitesten, im
Fall b) (größter Winkel zwischen den
Kräften) am wenigsten.

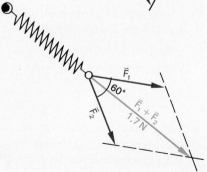

°**5.** Vektoren im Koordinatensystem

Die Angabe von Vektoren in einem Koordinatensystem geschieht durch Zahlen.

Beispiel: $\vec{a} = \begin{pmatrix} 3 \\ -2 \end{pmatrix}$

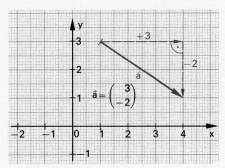

Bedeutung: Die „obere" Zahl 3 heißt *x-Koordinate* des Vektors und gibt an, daß $\vec{a}$ „um 3 LE in x-Achsenrichtung nach rechts" verschiebt; die „untere" Zahl -2 heißt *y-Koordinate* und gibt an, daß $\vec{a}$ „um 2 LE in y-Achsenrichtung nach unten" verschiebt.

a) Zeichne für folgende Vektoren jeweils einen Pfeil:

$\vec{a} = \begin{pmatrix} -2 \\ 3 \end{pmatrix};$ $\vec{b} = \begin{pmatrix} -1 \\ -2 \end{pmatrix};$

$\vec{c} = \begin{pmatrix} 2 \\ 0 \end{pmatrix};$ $\vec{d} = \begin{pmatrix} 0 \\ -2 \end{pmatrix}.$

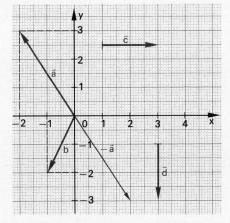

Lösung:

Siehe die gezeichnete Figur! Beachte, daß der Fußpunkt eines Pfeils beliebig liegen kann!

Der Pfeil mit dem Koordinatenursprung als Fußpunkt heißt der *Ortsvektor* des betreffenden Vektors.

b) Wie heißt der Gegenvektor zum Vektor $\vec{a} = \begin{pmatrix} -2 \\ 3 \end{pmatrix}$?

Lösung: $-\vec{a} = \begin{pmatrix} 2 \\ -3 \end{pmatrix}$

c) Berechne die Koordinaten des Vektors $\overrightarrow{AB}$, der den Punkt $A(a_1; a_2)$ auf den Punkt $B(b_1; b_2)$ abbildet!

Lösung:

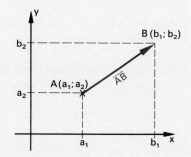

$$\overrightarrow{AB} = \begin{pmatrix} b_1 - a_1 \\ b_2 - a_2 \end{pmatrix}$$

21

d) Addiere die Vektoren

$$\vec{a} = \begin{pmatrix} a_1 \\ a_2 \end{pmatrix} \text{ und } \vec{b} = \begin{pmatrix} b_1 \\ b_2 \end{pmatrix}$$

Lösung:

$$\begin{pmatrix} a_1 \\ a_2 \end{pmatrix} + \begin{pmatrix} b_1 \\ b_2 \end{pmatrix} = \begin{pmatrix} a_1 + b_1 \\ a_2 + b_2 \end{pmatrix}$$

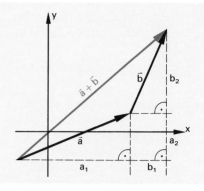

Aufgaben

˙1. Konstruiere zu gegebenen Vektoren $\vec{a}$, $\vec{b}$, $\vec{c}$ folgende Vektoren:

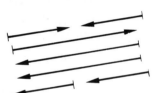

a) $\vec{a} + \vec{b}$ b) $\vec{a} - \vec{b}$ c) $\vec{a} + \vec{b} + \vec{c}$

d) $\vec{a} - \vec{b} + \vec{c}$ e) $\vec{a} - \vec{b} - \vec{c}$ f) $\vec{c} + \vec{b} - \vec{a}$

2. Für welchen Vektor gibt es keine Pfeile?

3. Worin müssen zwei Pfeile übereinstimmen, damit sie denselben Vektor darstellen?

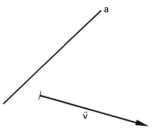

4. Wie viele verschiedene Vektoren stellen die gezeichneten Pfeile dar?

˙5. In einem Koordinatensystem seien die folgenden Punkte gegeben:
$A(1;1)$, $B(-1;1)$, $C(-1;-1)$.

Konstruiere jeweils einen Pfeil für folgende Vektoren:

a) $\overrightarrow{OA} + \overrightarrow{OB}$,   b) $\overrightarrow{OA} + \overrightarrow{BO}$,

c) $\overrightarrow{OA} + \overrightarrow{OC}$,   d) $\overrightarrow{OA} + \overrightarrow{CO}$!

6. a) Zerlege den Vektor $\vec{v}$ in der gezeichneten Figur in eine Vektorsumme $\vec{v}_1 + \vec{v}_2$, wobei $\vec{v}_1 \parallel a$ und $\vec{v}_2 \perp a$ sein soll!

    b) Zerlege den gleichen Vektor $\vec{v}$ in die Summe $\vec{v}_1 + \vec{v}_2$, wenn $\vec{v}_1 \perp a$ und $\vec{v}_2 \parallel a$ sein soll!

˙7. Bilde ein beliebiges Parallelogramm ABCD durch folgende Vektoren ab:

a) $\overrightarrow{AB}$,   b) $\overrightarrow{AD}$,   c) $\overrightarrow{AC}$,

d) $\overrightarrow{BD}$,   e) $\overrightarrow{CA} + \overrightarrow{AD}$,   f) $\overrightarrow{AC} + \overrightarrow{BD}$.

8. Bilde das Quadrat ABCD mit $B(-1;1)$, $C(-1;-1)$, $D(1;-1)$ ab
   a) durch den Vektor $\vec{CA} + \vec{BD}$, b) durch den Vektor $\vec{AD} + \vec{CB}$,
   c) durch den Vektor $\vec{BA} + \vec{CD}$!

9. a) Welche Aussage kann man über den Betrag eines Summenvektors im Vergleich zur Summe der Beträge der einzelnen Summandenvektoren machen?
   b) Welche der folgenden Beziehungen sind wahr, welche falsch?
   1) $\vec{a} = \vec{b} + \vec{c} \Leftrightarrow |\vec{a}| < |\vec{b}| + |\vec{c}|$ 2) $\vec{a} = \vec{b} + \vec{c} \Rightarrow |\vec{a}| = |\vec{b}| + |\vec{c}|$
   3) $\vec{a} = \vec{b} + \vec{c} \Rightarrow |\vec{a}| > |\vec{b}| + |\vec{c}|$ 4) $\vec{a} = \vec{b} + \vec{c} \Leftarrow |\vec{a}| = |\vec{b}| + |\vec{c}|$
   5) $\vec{a} = \vec{b} + \vec{c} \Rightarrow |\vec{a}| \leq |\vec{b}| + |\vec{c}|$

*10. Konstruiere zu drei beliebigen Vektoren $\vec{a}$, $\vec{b}$, $\vec{c}$ einen Ortsvektor des Vektors $\vec{a} - \vec{b} - \vec{c}$!

*11. Löse für zwei beliebige Vektoren $\vec{a}$, $\vec{b}$ zeichnerisch die Gleichung $\vec{x} + \vec{a} = \vec{b}$!

*12. Löse für drei beliebige Vektoren $\vec{a}$, $\vec{b}$, $\vec{c}$ zeichnerisch die Gleichung $\vec{a} - \vec{x} + \vec{b} = \vec{c}$!

*13. Im Parallelogramm ABCD sei PT eine Mittelparallele. In den gezeichneten Figuren a), b), c) seien jeweils die beiden Vektoren $\vec{a}$ und $\vec{b}$ gegeben.
   Drücke jeweils folgende Vektoren durch $\vec{a}$ und $\vec{b}$ aus: $\vec{DC}$, $\vec{AD}$, $\vec{AC}$, $\vec{PT}$, $\vec{BT}$!
   (Beispiel: In Figur a) ist: $\vec{CA} = \vec{CB} + \vec{BA} = \vec{b} + \vec{b} - \vec{a}$.)

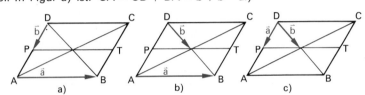

14. Die folgende Summe von Vektoren nennt man eine *geschlossene* Vektorkette:
    $\vec{AB} + \vec{BC} + \vec{CD} + \vec{DA}$.
    a) Erkläre die Sprechweise an einer Zeichnung!
    b) Welches ist der Summenwert einer geschlossenen Vektorkette?

15. a) Erkläre, was man in der Vektoralgebra wohl unter „$2\vec{a}$" versteht!
    b) Wende diese „Abkürzung" sinngemäß für die Ergebnisse in Aufgabe 13 an!
    c) Konstruiere zu zwei beliebigen Vektoren $\vec{a}$ und $\vec{b}$ einen Pfeil des Vektors $3\vec{a} - 2\vec{b}$!

*16. *Aus der Physik*
    a) Es sei $|\vec{F}_1| = 3{,}0$ N und $|\vec{F}_2| = 2{,}0$ N. Bestimme zu folgenden Winkeln $\sphericalangle(\vec{F}_1, \vec{F}_2)$ jeweils die Ersatzkraft: $60°$, $90°$, $120°$!
    b) Welche Ersatzkraft erhält man für die Sonderfälle gleich bzw. entgegengesetzt gerichteter Kräfte?
    c) Konstruiere eine Ersatzkraft für drei in einem Punkt angreifende Kräfte mit $|\vec{F}_1| = 1{,}0$ N, $|\vec{F}_2| = 2{,}0$ N, $|\vec{F}_3| = 3{,}0$ N, $\sphericalangle(\vec{F}_1, \vec{F}_2) = 90°$, $\sphericalangle(\vec{F}_2, \vec{F}_3) = 45°$.

°17. Zeichne die Ortsvektoren folgender Vektoren:
   $$\vec{a}_1 = \begin{pmatrix} 1 \\ 1 \end{pmatrix}, \quad \vec{a}_2 = \begin{pmatrix} -1 \\ 5 \end{pmatrix}, \quad \vec{a}_3 = \begin{pmatrix} 5 \\ -1 \end{pmatrix}, \quad \vec{a}_4 = \begin{pmatrix} -2 \\ -2 \end{pmatrix}, \quad \vec{a}_5 = \begin{pmatrix} 0 \\ -3 \end{pmatrix}, \quad \vec{a}_6 = \begin{pmatrix} -3 \\ 0 \end{pmatrix}!$$

°18. Michael behauptet, der Ortsvektor des Vektors $\begin{pmatrix} -a \\ +1 \end{pmatrix}$ zeigt für jeden Wert von a in den 2. Quadranten. Hat Michael recht?

°**19.** a) Wie heißen die Gegenvektoren zu folgenden Vektoren:

$$\begin{pmatrix} 2 \\ 3 \end{pmatrix}, \quad \begin{pmatrix} 2 \\ -3 \end{pmatrix}, \quad \begin{pmatrix} -2 \\ -3 \end{pmatrix}, \quad \begin{pmatrix} 0 \\ 0 \end{pmatrix}, \quad \begin{pmatrix} -a \\ b \end{pmatrix}?$$

b) Welche gegenseitige Lage im Koordinatensystem haben die Ortsvektoren folgender Vektoren:

$$\begin{pmatrix} a \\ b \end{pmatrix}, \quad \begin{pmatrix} -a \\ b \end{pmatrix}, \quad \begin{pmatrix} a \\ -b \end{pmatrix}, \quad \begin{pmatrix} -a \\ -b \end{pmatrix}?$$

c) Welche Koordinaten besitzt der Bildpunkt P' des Punktes P (2; 3) bei Spiegelung am Koordinatenursprung?

°**20.** Trage im Punkt A (−2; 3) folgende Vektoren an:

$$\begin{pmatrix} 2 \\ 0 \end{pmatrix}, \quad \begin{pmatrix} 0 \\ -1 \end{pmatrix}, \quad \begin{pmatrix} 1 \\ 1 \end{pmatrix}, \quad \begin{pmatrix} -2 \\ 1 \end{pmatrix}, \quad \begin{pmatrix} 2 \\ -3 \end{pmatrix}!$$

Lies die Koordinaten des jeweiligen Endpunktes B so genau wie möglich ab!

°**21.** Berechne folgende Vektorsummen bzw. Vektordifferenzen:

a) $\begin{pmatrix} 2 \\ 1 \end{pmatrix} + \begin{pmatrix} 4 \\ -3 \end{pmatrix}$
   b) $\begin{pmatrix} 2 \\ 1 \end{pmatrix} + \begin{pmatrix} -2 \\ -1 \end{pmatrix}$
   c) $\begin{pmatrix} 0 \\ 3 \end{pmatrix} + \begin{pmatrix} 1 \\ -3 \end{pmatrix} + \begin{pmatrix} -1 \\ 1 \end{pmatrix}$

d) $\begin{pmatrix} 3 \\ 1 \end{pmatrix} - \begin{pmatrix} 2 \\ 4 \end{pmatrix}$
   e) $\begin{pmatrix} 3 \\ 1 \end{pmatrix} - \begin{pmatrix} -2 \\ 1 \end{pmatrix}$
   f) $\begin{pmatrix} -3 \\ 4 \end{pmatrix} - \begin{pmatrix} 4 \\ -1 \end{pmatrix}$

°**22.** Löse rechnerisch folgende Vektorgleichungen:

a) $\begin{pmatrix} 2 \\ 3 \end{pmatrix} + \vec{x} = \begin{pmatrix} 4 \\ 1 \end{pmatrix}$
   b) $\begin{pmatrix} 1 \\ 2 \end{pmatrix} - \vec{x} = \begin{pmatrix} 3 \\ 2 \end{pmatrix}$
   c) $\vec{x} + \begin{pmatrix} 1 \\ -1 \end{pmatrix} = \begin{pmatrix} 0 \\ 1 \end{pmatrix}$

d) $\vec{x} + \begin{pmatrix} -3 \\ 4 \end{pmatrix} = \vec{o}$
   e) $\begin{pmatrix} -2 \\ 1 \end{pmatrix} - \vec{x} = \begin{pmatrix} -2 \\ 1 \end{pmatrix}$.

°**23.** Berechne den durch die Punkte A und B bestimmten Vektor $\overrightarrow{AB}$!
   a) A (1; 2), B (2; 4)   b) A (0; 1), B (1; 0)   c) A (−1; 2), B (−1; 4)
   d) A (1,5; 0), B (−1,5; 1)   e) A (1; 1), B (−1; −1)

°**24.** Führe die Aufgabe 20 rechnerisch durch, d. h. berechne die Koordinaten der jeweiligen Punkte B!

°**25.** Spiegle den Punkt P am Zentrum Z. Berechne die Koordinaten des Bildpunktes P'!
   a) P (3; 2), Z (1; 0)   b) P (1; 0), Z (3; 2)   c) P (−1; 0), Z (1; 1)
   d) P (1,2; 0,4), Z (−0,2; 0,4)

Beweistechniken[1]

Satz und Kehrsatz

So bildet man Kehrsätze:

a) Formuliere einen gegebenen Satz möglichst in der sogenannten „Wenn-Dann-Form".

b) Vertausche Bedingungen des „Wenn-Teils" (der sogenannten *Voraussetzung* des Satzes) mit Bedingungen des „Dann-Teils" (der sogenannten *Behauptung* des Satzes.)

Ist ein Satz wahr, so heißt die Voraussetzung „*hinreichend*" für die betreffende Behauptung.

Ist ein Satz falsch, jedoch der Kehrsatz wahr, so heißt die Voraussetzung „*notwendig aber nicht hinreichend*".

Sind Satz und Kehrsatz wahr, so heißt die Voraussetzung „*notwendig und hinreichend*" für die Behauptung.

Wahre Sätze können falsche Kehrsätze haben, falsche Sätze können wahre Kehrsätze haben.

Sind Satz und Kehrsatz wahr, kann man beide zu einem *Doppelsatz* zusammenfassen, was durch die sprachliche Wendung „genau dann – wenn" geschehen kann.

Falsche Sätze widerlegt man oft durch Angabe eines *Gegenbeispiels*.

Beispiel

Satz:

> In jedem gleichschenkligen Dreieck gibt es zwei gleich große Innenwinkel.

„*Wenn-Dann-Form*" des Satzes:

Wenn ein Dreieck gleichschenklig ist,
(Voraussetzung)
dann sind zwei Innenwinkel gleich groß.
(Behauptung)

Kehrsatz:

> Wenn in einem Dreieck zwei Winkel gleich groß sind,

(Voraussetzung)

> dann ist das Dreieck gleichschenklig.

(Behauptung)

Doppelsatz:

> Genau dann, wenn ein Dreieck gleichschenklig ist, sind zwei der drei Innenwinkel gleich groß.

Zeichenschreibweise der Sätze:

Satz:
$a = b \Rightarrow \alpha = \beta$

Kehrsatz:
$\alpha = \beta \Rightarrow a = b$

Doppelsatz:
$a = b \Leftrightarrow \alpha = \beta$

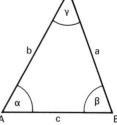

[1] Seite 119: Wozu Beweise?

Beispiele

1. k sei der Kreis um den Punkt M mit Radius
2 cm; g sei eine Gerade durch M.
Bilde zu jedem der folgenden Sätze einen
Kehrsatz und untersuche, ob Satz und Kehrsatz wahr oder falsch sind!

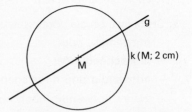

a) Ein Punkt P liegt auf der Kreislinie, wenn
er von M höchstens 2 cm entfernt ist.

b) Punkte der Geraden g, die von M 2 cm entfernt liegen, gehören zur
Kreislinie.

c) Wenn ein Punkt 2 cm von M entfernt liegt, gehört er zur Kreislinie.

d) Ein Punkt gehört zur Kreislinie, wenn er von M 10 cm entfernt liegt.

Antworten:

a) Kehrsatz: Punkte der Kreislinie haben von M höchstens 2 cm Distanz.
Satz: falsch; Kehrsatz: wahr.

b) Kehrsatz 1: Punkte der Geraden g, die auf der Kreislinie liegen, haben von
M 2 cm Distanz.
Kehrsatz 2: Punkte, die 2 cm Distanz von M haben und (somit) auf der
Kreislinie liegen, gehören zur Geraden g.
Kehrsatz 3: Wenn ein Punkt auf der Kreislinie liegt, dann handelt es sich um
einen Punkt der Geraden g, der von M 2 cm entfernt liegt.
Satz: wahr; Kehrsatz 1: wahr; Kehrsatz 2: falsch; Kehrsatz 3: falsch.

c) Kehrsatz: Punkte der Kreislinie liegen von M 2 cm entfernt.
Satz: wahr; Kehrsatz: wahr.

d) Kehrsatz: Punkte der Kreislinie liegen von M 10 cm entfernt.
Satz: falsch; Kehrsatz: falsch.

2. *Notwendige und hinreichende Bedingungen in Mengendiagrammen*

A sei die Menge aller Elemente mit der Eigenschaft E(A). B sei die Menge
aller Elemente mit der Eigenschaft E(B).
Zeige, daß die Eigenschaft E(A) für das Vorliegen der Eigenschaft E(B)
hinreichend aber nicht notwendig ist, wenn A eine echte Teilmenge von B ist!

Begründung:

Die Eigenschaft E(A) ist für das Vorliegen der
Eigenschaft E(B) bei irgendeinem Element X hinreichend aber nicht notwendig, da alle Elemente
von A gleichzeitig in B liegen und somit die
Eigenschaft E(B) haben. Andererseits enthält B
auch Elemente, die nicht zu A gehören und somit
die Eigenschaft E(A) nicht haben. Also:

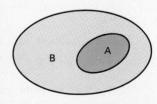

wahrer Satz: „Wenn ein Element X die Eigenschaft E(A) besitzt, dann hat X
auch die Eigenschaft E(B)".

falscher Kehrsatz: „Wenn ein Element X die Eigenschaft E (B) besitzt, dann hat X auch die Eigenschaft E (A)".

3. Stelle fest, ob die Voraussetzung folgender Sätze für die jeweilige Behauptung
– notwendig, oder
– hinreichend, oder
– notwendig und hinreichend, oder
– weder notwendig noch hinreichend ist!

Formuliere die Sätze mit den Begriffen „notwendig" bzw. „hinreichend"!

a) Vierecke mit zwei parallelen Seiten sind Parallelogramme.

b) Ein Punkt P liegt im Inneren des Kreises um den Punkt M mit Radius 5 cm, falls P 3 cm von M entfernt liegt.

c) Ein Punkt P, der von zwei Punkten A und B gleichweit entfernt ist, liegt auf der Mittelsenkrechten zu den Punkten A und B.

d) Liegt ein Punkt P im Inneren des gleichseitigen Dreiecks mit der Seitenlänge 3 cm, dann hat P zur Ecke A eine Distanz von höchstens 2 cm.

Antworten:

a) Der gegebene Satz hat als
Voraussetzung: Ein Viereck habe zwei parallele Seiten; und als
Behauptung: Das Viereck ist ein Parallelogramm.
Dieser Satz ist falsch! (Vgl. Beispiel 4a!)

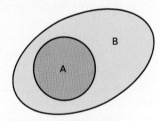

A: Parallelogramme
B: Vierecke mit zwei parallelen Seiten

Der Kehrsatz hat als
Voraussetzung: Ein Viereck sei ein Parallelogramm; und als Behauptung:
Das Viereck hat zwei parallele Seiten.
Der Kehrsatz ist wahr!

Also: *Im gegebenen Satz ist die Voraussetzung notwendig aber nicht hinreichend.*

Somit kann man sagen:
„Damit ein Viereck ein Parallelogramm ist, ist es notwendig, daß es zwei parallele Seiten hat."

b) Der gegebene Satz hat als
Voraussetzung: $\overline{PM} = 3$ LE; und als
Behauptung: $P \in k_i$ (M; 5 LE).
Der Satz ist wahr, sein Kehrsatz dagegen ist falsch. (Vgl. Beispiel 4b!)
Also: *Im gegebenen Satz ist die Voraussetzung hinreichend aber nicht notwendig.*

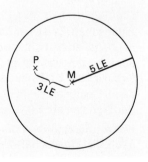

Somit kann man sagen:
„Daß P 3 cm von M entfernt liegt, ist hinreichend dafür, daß P im Inneren des Kreises um M mit Radius 5 cm liegt."

c) wahrer Satz: $\overline{AP} = \overline{BP} \Rightarrow P \in m$

wahrer Kehrsatz: $P \in m \Rightarrow \overline{AP} = \overline{BP}$

Also: *Im gegebenen Satz ist die Voraussetzung notwendig und hinreichend.*

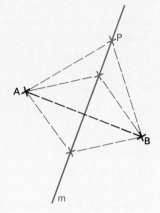

Somit kann man sagen:
„Daß ein Punkt zu zwei anderen Punkten gleiche Distanz hat, dafür ist notwendig und hinreichend, daß er auf der Mittelsenkrechten der beiden Punkte liegt."

Oder als Doppelsatz:
Genau dann, wenn ein Punkt zu zwei anderen gleiche Distanz hat, liegt er auf der Mittelsenkrechten zu diesen.

Dafür sagt man auch:
Die Mittelsenkrechte ist der *„geometrische Ort"* aller Punkte, die zu zwei gegebenen Punkten gleiche Distanz haben.

d) Satz und Kehrsatz sind beide falsch. (Vgl. Beispiel 4c!)

Die Voraussetzung des gegebenen Satzes ist somit *weder notwendig noch hinreichend.*
Solche Sätze sind in der Mathematik unbrauchbar.

4. Widerlege folgende Sätze jeweils durch Angabe eines Gegenbeispiels!

a) Jedes Viereck mit zwei parallelen Seiten ist ein Parallelogramm.

b) Ein Punkt, der im Inneren eines Kreises um den Punkt M mit Radius 5 cm liegt, hat zu M eine Distanz von 3 cm.

c) Liegt ein Punkt P im Inneren des gleichschenkligen Dreiecks ABC mit der Seitenlänge 3 cm, dann hat P zur Ecke A höchstens 2 cm Entfernung.

Antworten:

a)

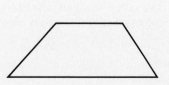

b)

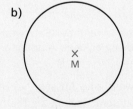

c)

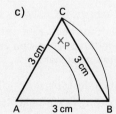

Gegenbeispiel:
Ein Trapez

Gegenbeispiel:
Der Punkt M selbst

Gegenbeispiel:
Der Punkt P

5. „Gegensätze"

Formuliert man zu einem gegebenen Satz einen Satz mit dem gegenteiligen Wahrheitswert, so nennt man diesen die „Verneinung" („Negation") des gegebenen Satzes. Wir können ihn auch den „Gegen-Satz" nennen. Ein wahrer Satz ergibt stets einen falschen Gegensatz; ein falscher Satz stets einen wahren Gegensatz.

Verneine folgende Sätze:

a) Peter ist kräftig.

b) Mädchen sind intelligent.

c) Vierecke mit zwei parallelen Seiten sind Parallelogramme.

Lösungen:

a) In ausführlicher Sprechweise lautet die Negation des gegebenen Satzes: „Es ist falsch, daß Peter kräftig ist." Kürzer: „Peter ist nicht kräftig."

b) Hier ist zu beachten, daß der gegebene Satz behauptet. „*Jedes* Mädchen ist intelligent".
In ausführlicher Sprechweise lautet der Gegensatz also: „Es ist falsch, daß jedes Mädchen intelligent ist."
Kürzer: „Nicht jedes Mädchen ist intelligent." Oder mit anderen Worten: „Es gibt mindestens ein „dummes" Mädchen."
(Beachte: Die Negation zu „Mädchen sind intelligent" heißt also nicht: „Mädchen sind dumm."
Verwechsle den *Gegen*satz auch nicht mit dem Kehrsatz. Dieser lautet hier: „Nur Mädchen sind intelligent.")

c) Die Verneinung lautet: „Es gibt Vierecke mit zwei parallelen Seiten, die keine Parallelogramme sind."
(Vergleiche hierzu auch Beispiel 4! Will man nämlich einen Satz durch ein „Gegenbeispiel" widerlegen, so bestätigt man eben den Gegensatz!)

Aufgaben

1. *„Deutsche Sprache – schwere Sprache"?*

Ein Satz heißt eine „Aussage", wenn der Satz wahr oder falsch sein kann. Befehlssätze oder Fragesätze sind zum Beispiel keine Aussagen. Mathematische Sätze sind dagegen stets Aussagen.

Stelle fest, ob in a)–g) jeweils eine Aussage vorliegt!

a) Gibt es ein beliebteres Unterrichtsfach als Mathematik?

b) Sport ist beliebter als Mathe!

c) Man sollte aber kein Fach vernachlässigen!

d) Wer ein Fach nicht mag, wird in diesem ein schlechter Schüler sein!

e) Gute Schüler mögen alle Fächer!

f) Schlechte Schüler sollten fleißiger sein!

g) f) ist eine Aussage!

2. Bilde zu folgenden umgangssprachlichen Sätzen jeweils den Kehrsatz! Stelle fest, was wahr ist: der Satz, der Kehrsatz, beide oder keiner von beiden!

a) Wenn man schnarcht, dann schläft man.

b) Solange man lebt, schlägt das Herz.

c) Wer dick ist, ißt zuviel.

d) Wer lügt, der stiehlt.

e) Fußballspieler sind ausdauernd.

f) Mädchen sind hübsch.

3. Bilde zu folgenden Sätzen jeweils mehrere Kehrsätze! Stelle fest, welche der Sätze bzw. Kehrsätze wahr sind!

Beispiel:

Satz: Dicke Männer sind gemütlich.
　　　　　("sprichwörtlich" wahr)
1. Kehrsatz: Gemütliche Männer sind dick. 　　(falsch)
2. Kehrsatz: Dick und gemütlich sind nur Männer. (falsch)

a) Faule Schüler mit guten Noten sind intelligent.

b) Blonde Italiener sind groß und stammen aus Norditalien.

c) Heiße Sommermonate sind trocken.

4. Verneine folgende Sätze:

a) Michael ist Schwimmer.

b) In Michaels Klasse sind alle Schüler Schwimmer.

c) Alle Bayern tragen Lederhosen.

d) Kein Mensch ist größer als 2,70 m.

e) Jedes deutsche Wort enthält mindestens einen Vokal.

f) 323 ist eine Primzahl.

g) Primzahlen sind ungerade.

*5. Schreibe die folgenden geometrischen Sätze als "Wenn-Dann-Sätze"! Gib für jeden Satz die Voraussetzung und die Behauptung an! Sind alle Sätze wahr?

a) Zwei verschiedene Geraden haben höchstens einen Punkt gemeinsam.

b) Parallele Geraden haben überall gleichen Abstand.

c) Rechtecke haben zwei Paare gleichlanger Seiten.

d) In ihrem Berührpunkt mit der Kreislinie steht jede Kreistangente senkrecht auf dem Radius.

e) Drei Punkte einer Kreislinie liegen nie auf einer Geraden.

f) Sekanten haben vom Kreismittelpunkt einen Abstand kleiner als der Radius.

g) Geraden, die vom Mittelpunkt eines Kreises den Abstand des Radius haben, sind Tangenten.

h) Scheitelwinkel sind gleich groß.

i) Nebenwinkel ergänzen sich zu einem gestreckten Winkel.

j) Die Winkelhalbierenden zweier beliebiger Nebenwinkel stehen aufeinander senkrecht.

k) Für die Innenwinkel α, β, γ eines Dreiecks gilt, daß ihre Summe 180° beträgt.

l) Im rechtwinkligen Dreieck ist der größte Winkel gleich der Summe der beiden anderen.

m) Wechselwinkel an parallelen Geraden sind gleich groß.

n) Jedes Lot zur Achse wird bei einer Achsenspiegelung auf sich selbst abgebildet.

o) Im gleichschenkligen Trapez sind die Diagonalen gleich lang.

p) Die Diagonalen im Parallelogramm halbieren sich gegenseitig.

q) Punktsymmetrische Vierecke sind Parallelogramme.

6. a) Finde heraus, zu welchen Sätzen aus Aufgabe 5 die folgenden in Zeichenschreibweise gegebenen Aussagen gehören!

1. 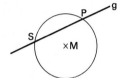 $g \cap k(M; r) = \{S; P\} \Rightarrow d(M; g) < r$

2. 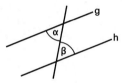 $g \parallel h \Rightarrow \alpha = \beta$

3. 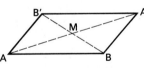 $A \xrightarrow{M} A'$ und $B \xrightarrow{M} B'$ $\Rightarrow AB \parallel A'B'$ und $AB' \parallel BA'$

4. 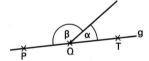 $\{P; Q; T\} \subset g \Rightarrow \alpha = \beta$

5. 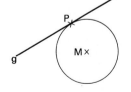 $g \cap k(M; r) = \{P\} \Rightarrow g \perp MP$

6. 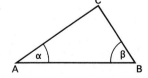 $|\angle ACB| = 90° \Rightarrow \alpha + \beta = 90°$

b) Zeichne auch für die restlichen Sätze aus Aufgabe 5 jeweils eine geometrische Figur und übersetze den Satz in die geometrische Zeichenschreibweise.

•7. Bilde für jeden Satz aus Aufgabe 5 einen Kehrsatz und beurteile, ob dieser wahr oder falsch ist!

8. Welche der folgenden Bedingungen sind
   – notwendig,
   – hinreichend,
   – notwendig und hinreichend,
   – weder notwendig noch hinreichend
   für die Rechteckseigenschaft eines Vierecks?
   Bilde jeweils einen sprachlichen Satz unter passender Verwendung der Begriffe notwendig bzw. hinreichend!

   a) vier gleichlange Seiten,

   b) gleichgroße Innenwinkel,

   c) je zwei Gegenseiten sind parallel,

   d) zwei Paare gleichlanger Seiten,

   e) einander halbierender Diagonalen,

   f) gleichlange Diagonalen,

   g) einander halbierende und gleichlange Diagonalen.

9. Untersuche die Bedingungen der Aufgabe 8 unter den gleichen Gesichtspunkten als Voraussetzungen für die Parallelogrammeigenschaft eines Vierecks!

10. Untersuche, ob die folgenden Bedingungen
   – notwendig,
   – hinreichend,
   – notwendig und hinreichend,
   – weder notwendig noch hinreichend
   für die Quadrateigenschaft eines Rechtecks ist!

   a) vier gleichlange Seiten,

   b) aufeinander senkrecht stehende Diagonalen,

   c) die Diagonalen halbieren die Eckwinkel.

11. Untersuche – eventuell auch durch eine Konstruktion – welche Bedeutung die folgenden Bedingungen jeweils als Voraussetzung für die Rechtwinkligkeit eines Dreiecks haben!

   a) zwei Innenwinkel betragen 45°,

   b) die Seitenlängen betragen 3 cm, 4 cm und 5 cm,

   c) die Summe zweier Innenwinkelmaße ist gleich dem dritten Innenwinkelmaß,

   d) der Umkreismittelpunkt liegt auf einer Dreiecksseite,

   e) die drei Höhen schneiden sich in einer Dreiecksecke,

   f) die drei Winkelhalbierenden schneiden sich in einem Punkt.

•12. *Geometrische Punktmengen mit besonderen Eigenschaften*

   Die folgende Tabelle enthält wichtige geometrische Punktmengen und kennzeichnet sie durch notwendige und hinreichende Eigenschaften. Man nennt diese Punktmengen auch „geometrische Örter".

33

Eigenschaft der Punkte	Name des geometrischen Ortes	Figur
gleiche vorgegebene Distanz r zu einem Punkt M	*Kreis* (um M mit Radius r)	
beliebige, aber gleiche Distanz zu zwei Punkten A und B	*Mittelsenkrechte* (zu A und B)	
gleiche Distanz zu drei (nicht auf einer Geraden liegenden) Punkten A, B, C	*Umkreismittelpunkt* (des Dreiecks ABC)	
gleicher vorgegebener Abstand d zu einer Geraden g	*Parallelenpaar* (im Abstand d zur Geraden g)	
gleicher Abstand zu zwei parallelen Geraden g und h	*Mittelparallele* (zu g und h)	
beliebiger, aber gleicher Abstand zu zwei sich schneidenden Geraden g und h	*Winkelhalbierenden* (zu g und h)	
gleicher Abstand zu den drei Seiten des Dreiecks ABC	*Inkreismittelpunkt* (des Dreiecks ABC)	

Bilde für jeden geometrischen Ort der Tabelle und der ihn kennzeichnenden Eigenschaft einen sprachlichen Doppelsatz der Form: „Genau dann, wenn ...''

Aufgaben 13–20: Konstruktion von Punktmengen mit vorgegebenen notwendigen und hinreichenden Eigenschaften.

13. Konstruiere die Menge aller Punkte, die
a) von A (1; 2) und B (4; 5) gleichweit entfernt liegen,
b) von A (1; 2) weiter entfernt liegen als von B (4; 5),
c) von A (1; 2) 3 cm, von B (4; 5) doppelt so weit entfernt liegen,
d) von A (1; 2), B (4; 5), C (8; 0) gleichweit entfernt liegen.

14. a) Konstruiere die Menge aller Punkte der Dreiecksfläche ABC mit A (−4; 0), B (2; 2), C (0; 8), von denen aus es nach B und C gleichweit, aber weiter als nach A ist!
b) Konstruiere im selben Dreieck wie bei a) die Menge aller Punkte, von denen aus es nach A näher ist als nach B und nach C!

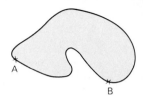

15. A und B seien zwei Hafenorte an einem großen See. Für welchen Seebereich würde ein Schiff im Seenotfall den Hafen A, für welchen Bereich den Hafen B ansteuern? Übertrage die Figur in dein Heft und konstruiere die gesuchte Punktemenge!

'16. Gegeben seien zwei sich schneidene Geraden g und h. Zeichne die Menge aller Punkte, die

a) von der Geraden g den Abstand 2 cm haben,

b) von beiden Geraden den Abstand 2 cm haben!

'17. Ein Parallelenpaar wird von einer dritten Geraden geschnitten. Konstruiere alle Punkte, die von den drei Geraden gleichen Abstand haben!

'18. Konstruiere die Menge aller Punkte, die von einer Geraden g 2 cm Abstand haben und von zwei Punkten A und B gleichweit entfernt sind (siehe Zeichnung links)!

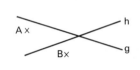
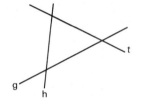

'19. Konstruiere die Menge aller Punkte, die von zwei Punkten A und B gleichweit entfernt sind und zu zwei sich schneidenden Geraden g und h gleichen Abstand haben (siehe Zeichnung mitte)!

'20. Konstruiere die Menge aller Punkte, die von den drei Geraden g, h, t (siehe Zeichnung rechts) gleichen Abstand haben!

'21. Widerlege folgende Sätze jeweils durch ein Gegenbeispiel!

a) Zwei Punkte sind zueinander achsensymmetrisch, wenn ihre Verbindungsgerade auf der Achse senkrecht steht.

b) Zwei Punkte sind Bildpunkte einer Punktspiegelung am Zentrum Z, wenn beide Punkte von Z gleichweit entfernt liegen.

c) Ein Viereck mit zwei gleichlangen Diagonalen ist ein Rechteck.

d) Zwei Dreiecke, die in zwei Seitenlängen und einem Gegenwinkel dieser Seiten übereinstimmen, sind kongruent.

e) Verbindet man vier Punkte der Ebene geradlinig ohne zu überkreuzen, so entsteht ein Viereck.

f) Zwei Geraden sind zueinander achsensymmetrisch, wenn beide zu der Spiegelachse parallel sind.

g) Zwei Kreise sind punktsymmetrisch, wenn ihre Mittelpunkte zum Zentrum symmetrisch liegen.

h) Jedes Viereck besitzt einen Umkreis.

i) Sind in einem Viereck zwei gegenüberliegende Winkel gleich groß, dann ist dieses Viereck ein Parallelogramm.

j) Zwei gleichschenklige Dreiecke sind kongruent, wenn sie in den Basiswinkelmaßen übereinstimmen.

Das Beweisen von Sätzen

Findet man Gründe, warum ein gegebener Satz wahr ist, so hat man den Satz „bewiesen".

Genauer:

In jedem mathematischen Satz wird ein bestimmter Sachverhalt behauptet. Die Bedingungen, aus denen der behauptete Sachverhalt folgen soll, heißen *Voraussetzung*, der zu beweisende Sachverhalt selbst, *Behauptung* des Satzes.

„Einen Beweis führen" bedeutet dann, einerseits aus der Voraussetzung, andererseits mit Hilfe bereits bewiesener Sätze, die Gültigkeit der Behauptung zu erschließen.

„Lügen haben kurze Beine" – dann nämlich, wenn man jemandem „beweisen" kann, daß er schummelt! Beweise, daß Peter unrecht hat, wenn er behauptet, daß in der gezeichneten Figur die Punkte B und C 12 LE voneinander entfernt sind!

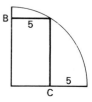

Für den *geometrischen* Beweis ist im besonderen folgende Vorarbeit zu leisten:

a) Trenne – zumindest gedanklich – Voraussetzung und Behauptung; z. B. indem du den Satz in die „Wenn-Dann-Form" bringst!

b) Zeichne eine saubere Schaufigur! Bezeichne in dieser alle im Satz angesprochenen geometrischen Größen.

c) Drücke die Voraussetzung und die Behauptung des Satzes mit Hilfe der Schaufigur möglichst in geometrischer Zeichensprache aus.

Die wichtigsten geometrischen Beweismethoden sind:

a) der Nachweis kongruenter Teilfiguren, die dann gleich lange Strecken bzw. gleich große Winkel aufweisen. („*Kongruenzbeweis*")

b) der Nachweis von Symmetrieachsen in einer Figur, die dann Paare gleich langer Strecken und gleich großer Winkel enthält. („*Symmetriebeweis*")

c) das Berechnen von geometrischen Größen, insbesondere von Winkeln. („*Berechnungsbeweis*")

d) die Widerlegung des Gegensatzes zu einem Satz. („*indirekter Beweis*")

Häufig benutztes Hilfsmittel beim Beweisen sind die sogenannten *Kongruenzsätze* für Dreiecke:

Zwei Dreiecke sind bereits dann kongruent, wenn einer der folgenden Fälle zutrifft:

a) die Dreiecke stimmen in den drei Seitenlängen überein (SSS-Satz);

b) die Dreiecke stimmen in zwei Seitenlängen und dem Maß des Zwischenwinkels dieser Seiten überein (SWS-Satz);

c) die Dreiecke stimmen in einer Seitenlänge und den Maßen zweier jeweils gleichliegender Winkel überein (WSW-Satz bzw. SWW-Satz);

d) die Dreiecke stimmen in zwei Seitenlängen und dem Maß des Gegenwinkels der größeren der beiden Seiten überein (SsW-Satz).

Beispiele

1. Beweise:
Die Lote von zwei Ecken eines Dreiecks auf die Seitenhalbierenden durch die dritte Ecke sind gleich lang.   Schaufigur:

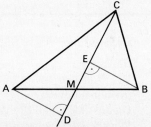

Voraussetzung:

In Worten:

1. Die Gerade CM in der gezeichneten Schaufigur halbiert die Dreiecksseite [AB].

2. Die Geraden AD und BE stehen auf der Geraden CM senkrecht.

In Zeichen:

1. $\overline{AM} = \overline{BM}$

2. $|\angle MDA| = |\angle MEB|$ $(= 90°)$

Behauptung:

In Worten:
Die Strecken [AD] und [BE] sind gleich lang.

In Zeichen: $\overline{AD} = \overline{BE}$

Beweis:
Die Dreiecke ADM und BEM sind kongruent, da sie in einer Seitenlänge und zwei gleichliegenden Winkeln übereinstimmen.
Im einzelnen:

1.　　$\overline{AM} = \overline{BM}$　　(Voraussetzung 1)
2. $|\angle MDA| = |\angle MEB|$　(Voraussetzung 2)
3. $|\angle AMD| = |\angle BME|$　(Scheitelwinkel)

$\Rightarrow$　△ADM $\cong$ △BEM　　(nach SWW-Satz)
$\Rightarrow$　　$\overline{AD} = \overline{BE}$　　(entsprechende Seiten in kongruenten Dreiecken)

2. Beweise:
Trägt man von den Endpunkten eines Kreisdurchmessers [AB] nach derselben Seite zwei gleichlange Sehnen [AD] und [BC] ab, so ist das Dreieck ABS gleichschenklig. (S sei dabei der Schnittpunkt der Geraden AD und BC.)

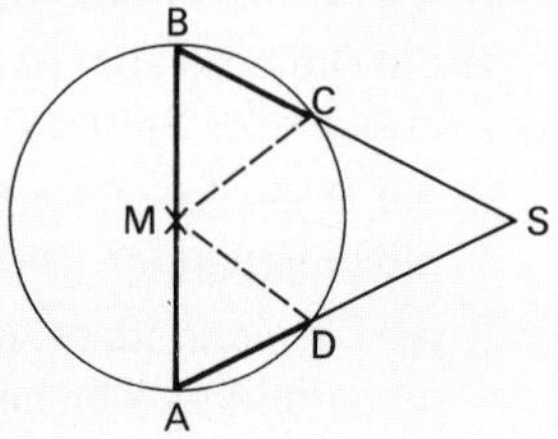

Schaufigur:
Hier ist eine *Fallunterscheidung* angebracht: Je nachdem, ob sich die Sehnen selbst oder erst ihre Verlängerungen scheiden.
(Man weiß ja zunächst noch nicht, ob für beide Fälle der gleiche Beweis möglich ist.)

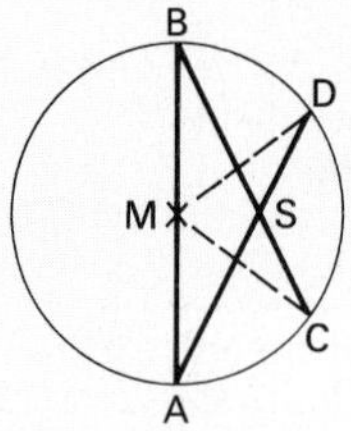

Voraussetzung:

1. $\overline{AB} = 2r$
2. $\overline{AD} = \overline{BC}$

Behauptung: $\overline{AS} = \overline{BS}$

Beweis:
Die Dreiecke AMD und BMC sind kongruent, da sie in drei Seitenlängen übereinstimmen.
Daraus folgt, daß die Winkel bei A und bei B gleich groß sind. Somit ist das Dreieck ABS aufgrund des Basiswinkelsatzes gleichschenklig.

Im einzelnen: 1. $\overline{MA} = \overline{MB}$ (nach Voraussetzung 1)
　　　　　　 2. $\overline{AD} = \overline{BC}$ (Voraussetzung 2)
　　　　　　 3. $\overline{MD} = \overline{MC}$ (Radien!)

$\Rightarrow$　△AMD $\cong$ △BMC　(nach SSS-Satz)
$\Rightarrow$　$|\angle DAM| = |\angle MBC|$ (entsprechende Winkel in kongruenten Dreiecken)

$\Rightarrow$　△ABS ist gleichschenklig　(Basiswinkelsatz)

(Wie nachträglich aus dem Beweisgang ersichtlich ist, erweist sich die Fallunterscheidung als unnötig, da für beide Schaufiguren dieselben Beweisschritte gelten.)

3. Beweise:

Genau in gleichschenkligen Dreiecken ist eine Höhe zugleich Winkelhalbierende.

Es handelt sich hier um einen Doppelsatz, für den man „beide Richtungen" beweisen muß:

a) Wenn ein Dreieck gleichschenklig ist, dann ist eine Höhe zugleich Winkelhalbierende.

b) Wenn in einem Dreieck eine Höhe zugleich Winkelhalbierende ist, dann ist das Dreieck gleichschenklig.

Wir führen den Beweis für a) als „Symmetriebeweis" und für b) als „Kongruenzbeweis".

a) Satz: Im gleichschenkligen Dreieck ist eine Höhe zugleich Winkelhalbierende.

Schaufigur:

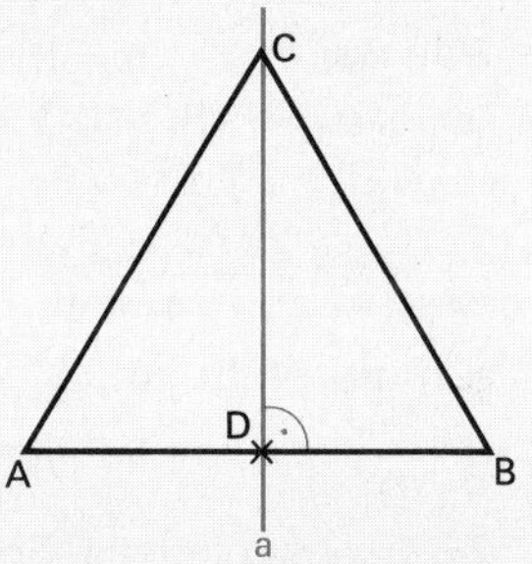

Voraussetzung:

1. $\overline{AC} = \overline{BC}$

2. die Gerade a steht auf AB senkrecht

Behauptung: $|\sphericalangle ACD| = |\sphericalangle DCB|$

Beweis:

Die Gerade a erweist sich im Dreieck ABC als Symmetrieachse, da die Konstruktion des Bildpunktes von A bezüglich der Achse a den Bildpunkt B ergibt: B liegt auf dem Achsenlot durch A und ist vom Achsenpunkt C ebensoweit entfernt wie A.

Konstruktionsschritte: 1. das Lot von A auf a fällen und 2. den Kreis um C mit Radius $\overline{AC}$ zeichnen.

Somit ist die Gerade BC Bildgerade von AC und beide Geraden schließen deshalb mit der Achse gleich große Winkel ein. Also gilt: $|\sphericalangle ACD| = |\sphericalangle DCB|$.

b) Satz: Ein Dreieck ist gleichschenklig, wenn eine Höhe zugleich Winkelhalbierende ist.

Schaufigur:

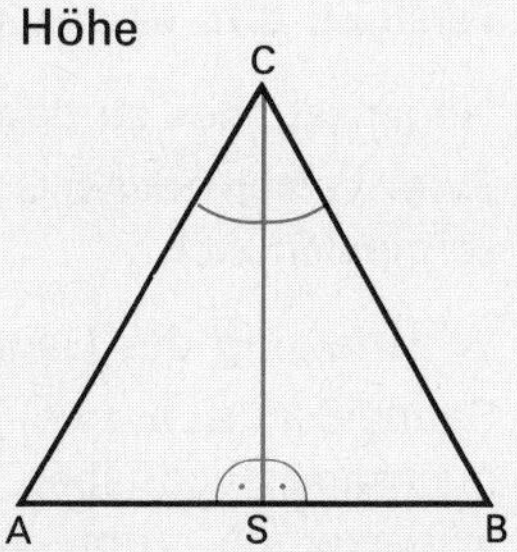

Voraussetzung:

1. $|\sphericalangle ACS| = |\sphericalangle SCB|$ (Winkelhalbierende)

2. $|\sphericalangle CSA| = |\sphericalangle BSC|$ ($= 90°$)

Behauptung: $\overline{AC} = \overline{BC}$

Beweis: 1. $|\sphericalangle ACS| = |\sphericalangle SCB|$ (Voraussetzung 1)

2. $|\sphericalangle CSA| = |\sphericalangle BSC|$ (Voraussetzung 2)

3. $\overline{SC} = \overline{SC}$ (gemeinsame Seite)

$\Rightarrow \triangle ASC \cong \triangle BSC$ (nach WSW-Satz)

$\Rightarrow \overline{AC} = \overline{BC}$

4. Beweise:

Die Winkelhalbierenden zweier beliebiger Nebenwinkel stehen aufeinander senkrecht.

Wir führen den Beweis als „Berechnungsbeweis''.

Schaufigur:

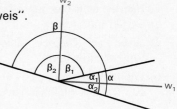

Voraussetzung:

1. $\alpha + \beta = 180°$ (Nebenwinkel)
2. $\quad \alpha_1 = \alpha_2 \quad$ (w_1 Winkelhalbierende)
3. $\quad \beta_1 = \beta_2 \quad$ (w_2 Winkelhalbierende)

Behauptung: w_1 ist senkrecht zu w_2

Beweis: $\qquad \alpha + \beta = 180°$ (Voraussetzung 1)

$$(\alpha_1 + \alpha_2) + (\beta_1 + \beta_2) = 180°$$
$$2\alpha_1 + 2\beta_1 = 180° \text{ (Voraussetzungen 2 und 3)}$$
$$2\,(\alpha_1 + \beta_1) = 180°$$
$$\alpha_1 + \beta_1 = 90°$$

d.h. w_1 steht auf w_2 senkrecht.

5. Beweise:

Zwei verschiedene Geraden der Ebene, die ein gemeinsames Lot besitzen, schneiden sich nicht.

Wir führen den Beweis dieses Satzes als „indirekten Beweis'', indem wir beweisen, daß die Negation des Satzes (der „Gegensatz'') *falsch* ist.
Damit wird der gegebene Satz eben „indirekt'' über den Umweg des Gegensatzes als wahr nachgewiesen.
Zur Widerlegung eines Satzes haben wir bisher *Gegenbeispiele* angegeben. Eine andere Möglichkeit, einen Satz zu widerlegen ist die Herbeiführung eines „Widerspruchs'':
Ein Satz ist falsch, wenn seine Aussage gegen einen bereits bewiesenen Satz verstößt, d.h. einen „Widerspruch'' erzeugt.

Gegensatz des zu beweisenden Satzes:

Zwei verschiedene Geraden der Ebene, die ein gemeinsames Lot besitzen, schneiden sich.

Widerlegung des Gegensatzes:

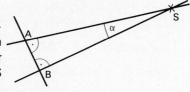

Schneiden sich zwei Geraden, die ein gemeinsames Lot haben, dann ergibt dies einen Widerspruch zum Winkelsummensatz für Dreiecke: Die Winkelsumme im Dreieck ABS wäre größer als 180°.

Also ist der Gegensatz falsch und somit der ursprüngliche Satz wahr:
Zwei verschiedene Gerade der Ebene, die ein gemeinsames Lot haben, schneiden sich nicht (haben also keinen Punkt gemeinsam.)

Aufgaben

Aufgaben 1–28: Führe jeweils einen Kongruenzbeweis!

1. Im gleichschenkligen Dreieck sind die Höhen auf die Schenkel gleich lang.

2. Genau in gleichschenkligen Dreiecken sind zwei Höhen gleich lang.

3. Im gleichschenkligen Dreieck sind die Winkelhalbierenden der Basiswinkel gleich lang.

4. Die Seitenhalbierenden der Schenkel eines gleichschenkligen Dreiecks sind gleich lang.

5. Im gleichschenkligen Dreieck sind die Lote vom Mittelpunkt der Basis auf die Schenkel gleich lang.

6. Genau in gleichschenkligen Dreiecken sind die Lote vom Mittelpunkt der Basis auf die anderen beiden Seiten gleich lang.

7. Im gleichschenkligen Dreieck sind die Lote von der Spitze auf die Winkelhalbierenden der Basiswinkel gleich lang.

8. Kehrsatz von Aufgabe 7!

9. Verbindet man die Seitenmitten eines gleichschenkligen Dreiecks miteinander, so entsteht wieder ein gleichschenkliges Dreieck.

10. Verbindet man die Seitenmitten eines gleichseitigen Dreiecks miteinander, so entsteht wieder ein gleichseitiges Dreieck.

11. Die Parallelen durch die Eckpunkte eines gleichschenkligen Dreiecks zu den jeweiligen Gegenseiten bilden wieder ein gleichschenkliges Dreieck.

12. Die Seitenlängen des sogenannten „Mittendreiecks" (das ist die Verbindung der Mittelpunkte der Seiten) eines beliebigen Dreiecks sind halb so lang, wie die Seiten des Dreiecks selbst.

13. Die Parallelen durch die Eckpunkte eines beliebigen Dreiecks zu den Gegenseiten bilden ein Dreieck mit den doppelten Seitenlängen.

14. Wenn in einem Dreieck eine Höhe zugleich Seitenhalbierende ist, so ist das Dreieck gleichschenklig.

15. Im gleichschenkligen Dreieck ist eine Höhe zugleich Seitenhalbierende.

16. Im gleichschenkligen Dreieck ist eine Seitenhalbierende zugleich Winkelhalbierende.

17. Genau in gleichseitigen Dreiecken fällt der Höhenschnittpunkt mit dem Schwerpunkt des Dreiecks zusammen.

18. Verlängert man die Basis eines gleichschenkligen Dreiecks von den Eckpunkten aus um jeweils die gleiche Strecke und verbindet die erhaltenen Endpunkte mit der Dreiecksspitze, so erhält man wieder ein gleichschenkliges Dreieck.

19. Trägt man auf den Seiten eines gleichseitigen Dreiecks von den Ecken aus im gleichen Umlaufsinn eine vorgegebene Strecke ab, so entsteht wieder ein gleichseitiges Dreieck, wenn man die neuen Punkte miteinander verbindet.

20. In jedem Dreieck sind die Lote von zwei Eckpunkten A und B auf die Seitenhalbierende der Seite [AB] gleich lang.

*21. Trägt man von den Endpunkten eines Kreisdurchmessers auf verschiedene Seiten zwei gleich lange Sehnen ab, so sind diese zueinander parallel.

°22. Fällt man von einem beliebigen Punkt der Basis eines gleichschenkligen Dreiecks die Lote auf die Schenkel, so ist deren Längensumme gleich der Länge der Dreieckshöhe auf einen Schenkel.

°23. Fällt man von einem beliebigen Punkt im Inneren eines gleichseitigen Dreiecks die Lote auf die Seiten, so ist deren Längensumme gleich der Länge der Dreieckshöhe.

˙24. Jedes Viereck, in dem sich die Diagonalen rechtwinklig halbieren, ist eine Raute (d.h. alle vier Seiten sind gleich lang.)

˙25. Sind in einem Viereck zwei benachbarte Seiten gleich lang und halbieren sich die Diagonalen gegenseitig, so stehen diese aufeinander senkrecht.

˙26. Sind in einem Viereck zwei benachbarte Seiten gleich lang und stehen die Diagonalen aufeinander senkrecht, so halbieren sich diese gegenseitig.

°27. Im regelmäßigen Sechseck ABCDEF ist das Dreieck ACE gleichseitig. (Ein n-Eck heißt „regelmäßig", wenn die Seiten gleich lang und alle Innenwinkel gleich groß sind; siehe S. 66.)

°28. Die Parallelprojektion[1]
In der nebenstehenden Figur wird die Gerade g durch eine „Parallelprojektion" auf die Gerade g′ abgebildet. Die zu AA′ parallelen Geraden stellen die Projektions*richtung* dar.

a) Beweise: Bei einer Parallelprojektion einer Geraden g auf eine Gerade g′ bleibt die Mittelpunktseigenschaft erhalten.
(Anleitung: Fälle von M und M′ aus jeweils ein Lot auf die Geraden AA′ und BB′ und zeige die Kongruenz geeigneter Dreiecke.)

b) Begründe die Konstruktion der Zerlegung einer Strecke [AB] in n kongruente Teilstrecken!
Beschreibung der Konstruktion für n = 5:
Trage auf einer Halbgeraden s von A aus 5 beliebige gleich lange Strecken ab. Verbinde den letzten Endpunkt S_5 mit B und ziehe durch die Zwischenpunkte S_1 bis S_4 die Parallelen zu S_5B.

c) Teile eine Strecke der Länge 10 cm in 7 gleich lange Teilstrecken!

d) Beweise:
Bei der Parallelprojektion einer Geraden g auf die Gerade g′ bleibt das Teilverhältnis, in dem ein Punkt T die Strecke [AB] teilt, erhalten.
Anmerkung: Das Teilverhältnis ist der Quotient $\overline{AT} : \overline{TB}$.

Benütze zum Beweis die Ergebnisse aus den Teilen a) und b) der Aufgabe!

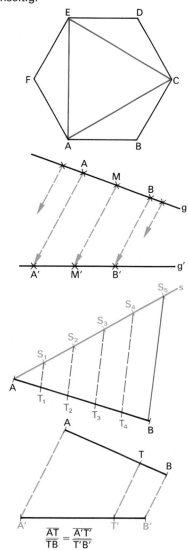

$$\frac{\overline{AT}}{\overline{TB}} = \frac{\overline{A'T'}}{\overline{T'B'}}$$

[1] Seite 130: Woraus folgen die Eigenschaften einer räumlichen Parallelprojektion?

Aufgaben 29–35: Führe jeweils einen Symmetriebeweis!

29. Jedes Viereck, in dem sich die Diagonalen rechtwinklig halbieren, ist eine Raute (d.h. ein Viereck mit gleich langen Seiten.)

30. Sind in einem Viereck zwei benachbarte Seiten gleich lang und halbieren sich die Diagonalen gegenseitig, so stehen diese aufeinander senkrecht.

31. Sind in einem Viereck je zwei benachbarte Seiten gleich lang und stehen die Diagonalen aufeinander senkrecht, so halbieren sich diese gegenseitig.

32. In einem gleichschenkligen Dreieck ist eine Mittelsenkrechte zugleich Seitenhalbierende.

33. Ist in einem Dreieck eine Seitenhalbierende zugleich Mittelsenkrechte, dann ist das Dreieck gleichschenklig.

34. Ein Dreieck ist gleichschenklig, wenn eine Seitenhalbierende zugleich Winkelhalbierende ist.

35. Schneidet ein Kreis um einen Punkt der Winkelhalbierenden eines Winkels die Schenkel des Winkels in vier Punkten, so bilden diese ein gleichschenkliges Trapez.
(Zusatz: Untersuche auch Sonderfälle!)

Sätze für Symmetriebeweise:

Symmetrische Punkte:

Zwei Punkte sind zu einer Geraden symmetrisch, wenn ihre Verbindungsstrecke durch die Gerade senkrecht halbiert wird.

Symmetrische Kreise:

Zwei Kreise sind symmetrisch, wenn ihre Mittelpunkte symmetrisch und ihre Radien gleich sind.

Symmetrische Geraden:

Wenn sich zwei Gerade auf der Achse schneiden und mit ihr gleich große Winkel entgegengesetzten Drehsinns einschließen, dann sind sie symmetrisch.
Wenn zwei Gerade durch symmetrische Punkte zur Achse parallel verlaufen, so sind sie symmetrisch.

Punktspiegelungen:

a) Die Verbindungsstrecke zwischen einem Punkt und seinem Bildpunkt wird vom Zentrum halbiert.

b) Gerade und Bildgerade sind zueinander parallel.

Aufgaben 36–46: Führe Berechnungsbeweise!

36. Ein gleichschenkliges Dreieck mit einem 60°-Winkel ist gleichseitig.
(Führe eine Fallunterscheidung durch, je nachdem der gegebene Winkel ein Basiswinkel oder der Winkel an der Spitze ist!)

37. Halbieren sich zwei gleich lange Diagonalen eines Vierecks, so ist das Viereck ein Rechteck.

*38. Die Diagonale eines Quadrats bildet mit einer Seite einen 45°-Winkel.

39. Jeder Außenwinkel eines Dreiecks ist gleich der Summe der beiden nicht anliegenden Innenwinkel.

40. Verlängert man den Schenkel [BC] eines gleichschenkligen Dreiecks ABC über die Spitze C hinaus um sich selbst und verbindet den entstehenden Endpunkt D mit A, so ist das Dreieck ABD rechtwinklig.

Sätze für Berechnungsbeweise:

In jedem Dreieck beträgt die Summe der Innenwinkelmaße 180°.

In jedem Viereck beträgt die Summe der Innenwinkelmaße 360°.

Zu jedem Dreieck beträgt die Summe der Außenwinkelmaße 360°.

Zu jedem Viereck beträgt die Summe der Außenwinkelmaße 360°.

Wechselwinkel und Stufenwinkel an Parallelen sind gleich groß.

Genau in gleichschenkligen Dreiecken sind zwei Winkel gleich groß.

Genau in rechtwinkligen Dreiecken liegt der Umkreismittelpunkt auf einer Dreiecksseite.
(Satz von Thaleskreis)

°41. a) Stehen die Schenkel zweier Winkel wie in Figur a) aufeinander senkrecht, so sind beide Winkel gleich groß.

b) Stehen die Schenkel zweier Winkel wie in Figur b) aufeinander senkrecht, so ergänzen sich die Winkelmaße zu 180°.

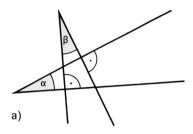

a)

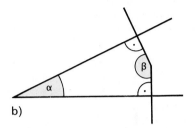

b)

42. Die Winkelsumme $\alpha_1 + \alpha_2 + \ldots + \alpha_6$ in der gezeichneten Figur links unten beträgt 360°.

°43. Die Summe der Eckwinkelmaße der gezeichneten Sternfigur rechts ABCDE beträgt 180°.

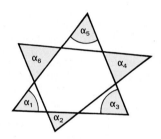

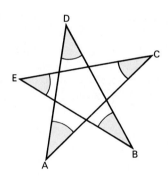

44. Errichtet man über den Seiten eines Rechtecks Quadrate, so geht die Verbindungsgerade der Mittelpunkte zweier Quadrate durch eine Rechtecksecke.
(Anleitung: Beweise, daß M_1, A, M_2 auf einer Geraden liegen!)

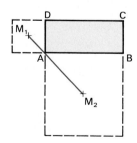

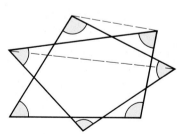

45. Die Eckwinkelsumme der gezeichneten Figur rechts oben mit 7 Ecken beträgt 540°.
(Anleitung: Benütze die eingezeichneten Hilfslinien!)

°**46.** Untersuche einen vorgegebenen Beweis auf seine Richtigkeit:

Satz:
Wird in zwei Eckpunkten eines Quadrats je ein 15°-Winkel errichtet (siehe Schaufigur), so entsteht ein gleichseitiges Dreieck.

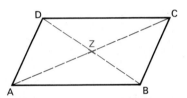

„Voraussetzung"?
1. ABCD ist ein Quadrat.
2. $|\angle BAS| = |\angle SBA| = 15°$

„Behauptung"?
$|\angle SDC| = |\angle DCS| = |\angle CSD| = 60°$

„Beweis"?
$|\angle SAD| = 90° - 15° = 75°$ (Basiswinkel im gleichschenkligen Dreieck ASD)
$\Rightarrow |\angle DSA| = 75°$

$\Rightarrow |\angle ADS| = 180° - 150° = 30°$ (Winkelsumme im Dreieck)
$\Rightarrow |\angle SDC| = 90° - 30° = 60°$

Ebenso erhält man $|\angle DCS| = 60°$;
damit ist $|\angle CSD| = 180° - (60° + 60°) = 60°$.
Ist alles in Ordnung?

·47. Beweise folgenden Satz indirekt:
Halbieren sich in einem Viereck die Diagonalen gegenseitig, dann ist das Viereck ein Parallelogramm.

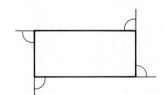

(Anleitung: Zeige, daß man einen Widerspruch zu einem gültigen Lehrsatz über die Punktspiegelung erhält, wenn man annimmt, daß AB und DC nicht parallel sind, obwohl sich die Diagonalen gegenseitig halbieren!)

Vermischte Aufgaben zum geometrischen Beweisen aus der Schulaufgabensammlung

·48. Gruppe A
Verbindet man die Seitenmitten eines Rechtecks miteinander, so entsteht eine Raute.
Gruppe B
Verbindet man die Seitenmitten einer Raute miteinander, so entsteht ein Rechteck.

·49. Gruppe A
Die Halbierenden der Innenwinkel eines Rechtecks schließen ein Quadrat ein.
Gruppe B
Die Halbierenden der vier Außenwinkel (s. Figur) eines Rechtecks schließen ein Quadrat ein.

·50. Gruppe A
Gegeben ist das Dreieck ABC mit A (0; 0), B (6; 0), C (3; 8).
Beweise: Zieht man durch die Mittelpunkte der Seiten [AC] und [BC] die Parallele zur jeweiligen Gegenseite, so entsteht eine Raute.

Gruppe B
Gegeben ist das Dreieck ABC mit A(0; −1), B(6; 1,5), C(0; 4).
Beweise: Zieht man durch die Mittelpunkte der Seiten [AB] und [BC] die Parallele zur jeweiligen Gegenseite, so entsteht eine Raute.

'51. Gruppe A
Verlängert man in einem Parallelogramm ABCD die Diagonale [AC] über A hinaus und über C hinaus um die gleiche Streckenlänge $\overline{AE}$ und $\overline{CF}$, so erhält man ein neues Parallelogramm EBFD. Beweise dies! Kann man $\overline{AE}$ und $\overline{CF}$ so wählen, daß das neue Parallelogramm eine Raute wird? Begründe deine Antwort!

Gruppe B
Auf der Diagonalen [AC] eines Parallelogramms ABCD werden von A und C aus gleiche Streckenlängen $\overline{AE}$ und $\overline{CF}$ nach innen abgetragen. Beweise, daß das Viereck EBFD ein Parallelogramm ist! Kann man $\overline{AE}$ und $\overline{CF}$ so wählen, daß das neue Parallelogramm eine Raute wird? Begründe deine Antwort!

'52. Gruppe A
Verlängert man die Seiten eines Quadrats um jeweils die gleiche Streckenlänge und verbindet die Endpunkte, so entsteht wieder ein Quadrat.

Gruppe B
Trägt man auf den Seiten eines Quadrats von den Eckpunkten aus jeweils gleiche Strecken ab und verbindet die Endpunkte, so entsteht wieder ein Quadrat.

'53. Gruppe A
Prüfe, ob im folgenden Satz die Voraussetzung
a) notwendig, aber nicht hinreichend oder
b) hinreichend, aber nicht notwendig oder
c) notwendig und hinreichend ist:
Wenn ein Viereck punktsymmetrisch ist, dann ist es ein Rechteck.

Gruppe B
Prüfe, ob im folgenden Satz die Voraussetzung
a) notwendig, aber nicht hinreichend oder
b) hinreichend, aber nicht notwendig oder
c) notwendig und hinreichend ist:
Wenn ein Viereck ein Rechteck ist, dann ist es punktsymmetrisch.

'54. Gruppe A
a) Konstruiere ein Parallelogramm ABCD aus folgenden Maßen: $\overline{AB} = 6$ cm; $\overline{BC} = 3$ cm; $|\sphericalangle BAD| = 60°$.
b) Beweise den Satz: Die Diagonale [AC] hat zu den beiden anderen Eckpunkten des Parallelogramms gleichen Abstand.
c) Bilde den Kehrsatz und beurteile seine Gültigkeit! Beweise ihn bzw. widerlege ihn!

Gruppe B
a) Konstruiere ein Parallelogramm aus folgenden Maßen: $\overline{AB} = 7$ cm; $\overline{BC} = 5$ cm; $|\sphericalangle CBA| = 60°$.
b) Beweise den Satz: Die Diagonale [BD] hat zu den beiden anderen Eckpunkten des Parallelogramms gleichen Abstand.
c) Bilde den Kehrsatz und beurteile seine Gültigkeit! Beweise bzw. widerlege ihn!

‎·55. Gruppe A
Stelle fest, ob in folgenden Fällen die jeweilige Bedingung für die Behauptung hinreichend – notwendig – notwendig und hinreichend – weder notwendig noch hinreichend ist:

a) Zwei Winkel sind Scheitelwinkel ⇒ Die Winkel sind gleich groß

b) P ∈ k (M; 2 cm) ⇒ P hat zu M die Distanz 2 cm

c) Zwei Winkelmaße ergeben zusammen 180° ⇒ Die Winkel sind Nebenwinkel

d) Ein Dreieck besitzt einen 90°-Winkel und einen 45°-Winkel ⇒ Das Dreieck ist gleichschenklig

e) Ein Dreieck besitzt drei gleichlange Seiten ⇒ Das Dreieck ist rechtwinklig

f) Zwei Geraden haben überall den gleichen Abstand von 5 cm ⇒ Die Geraden sind parallel

Gruppe B
Stelle fest, ob in folgenden Fällen die jeweilige Bedingung für die Behauptung hinreichend – notwendig – notwendig und hinreichend – weder notwendig noch hinreichend ist:

a) Zwei Geraden sind parallel ⇒ Die Geraden haben überall den gleichen Abstand von 5 cm

b) Dreieck ABC ist rechtwinklig ⇒ Dreieck ABC besitzt drei gleich lange Seiten

c) Dreieck ist gleichschenklig ⇒ Das Dreieck besitzt einen 90°- und einen 45°-Winkel

d) Zwei Winkel sind Nebenwinkel ⇒ Die Winkelsummen ergeben zusammen 180°

e) Ein Punkt P hat zu einem Punkt M die Distanz 2 cm ⇒ P ∈ k (M; 2 cm)

f) Zwei Winkel sind gleich groß ⇒ Die Winkel sind Scheitelwinkel

‎·56. Gruppe A
Widerlege den Satz:
In keinem Dreieck ist eine Höhe zugleich Dreiecksseite.

Gruppe B
Widerlege folgenden Satz:
Die drei Höhen eines Dreiecks schneiden sich stets in einem Punkt, der entweder innerhalb oder außerhalb des Dreiecks liegt.

‎·57. Gruppe A
Gegeben sei das Dreieck ABC mit A (−5; 4); B (−5; −2), C (1; 1).
Trägt man auf den Seiten [AC] und [BC] von A bzw. B aus gleich lange Strecken ab, so haben die Endpunkte dieser Strecken von AB den gleichen Abstand.

Gruppe B
Gegeben ist das Dreieck ABC mit A (−1; −1), B (3; −1), C (1; 5).
Trägt man auf den Strecken [AC] und [BC] von A bzw. B aus gleich lange Strecken ab, so haben die Endpunkte dieser Strecken zur Seite [BC] bzw. [AC] gleichen Abstand.

‎·58. Gruppe A
Im Parallelogramm ABCD sei X ein beliebiger Punkt der Strecke [CD]. Beweise, daß der Abstand der Ecke C von der Geraden AX gleich der Differenz der Abstände der Ecken B und D von der Geraden AX ist!
(Anleitung: Ziehe als Hilfsgerade eine geeignete Parallele zu AX!)

Gruppe B
Im Parallelogramm ABCD sei X ein beliebiger Punkt der Strecke [BC]. Beweise, daß der Abstand der Ecke C von der Geraden AX gleich der Differenz der Abstände der Ecken B und D von der Geraden AX ist!
(Anleitung: Ziehe als Hilfsgerade eine geeignete Parallele zu AX!)

•59. Gruppe A
Das Stück der Mittelparallelen eines Trapezes, das zwischen den Diagonalen liegt, ist die Hälfte der Differenz der beiden Grundlinien.

Gruppe B
Ein Trapez habe die Grundseitenlängen a cm und (a − 6) cm. Beweise, daß dann das Stück der Mittelparallelen des Trapezes, das zwischen den Diagonalen liegt, 3 cm lang ist.

•60. Gruppe A
Teilen die Punkte D und E die Dreiecksseite [AB] in drei gleiche Teile, wobei D näher bei A liegen soll, so halbiert [CE] die Seitenhalbierende s_b, während [CE] selbst von s_b im Verhältnis 3:1 geteilt wird.
(Anleitung: Verbinde D mit dem Mittelpunkt von [AC]!)

Gruppe B
Teilen die Punkte D und E die Dreiecksseite [AB] in drei gleiche Teile, wobei D näher bei A liegen soll, so halbiert [CD] die Seitenhalbierende s_a, während [CD] selbst von s_a im Verhältnis 3:1 geteilt wird.
(Anleitung: Verbinde E mit dem Mittelpunkt von [BC]!)

•61. Gruppe A
Im Quadrat ABCD sei M der Mittelpunkt der Seite [DC]. Beweise, daß der Abstand der Ecke B von der Geraden AM doppelt so groß ist wie der Abstand der Ecke D von derselben Geraden.

Gruppe B
Im Quadrat ABCD sei M der Mittelpunkt der Seite [AD]. Beweise, daß der Abstand der Ecke A von der Geraden BM halb so groß ist wie der Abstand der Ecke C von derselben Geraden.

Kreise und Geraden

Allgemeines

Die Menge aller Punkte der Ebene, die von einem vorgegebenen Punkt M die gleiche Distanz r haben, heißt **Kreis** um den Mittelpunkt M mit Radius r. Zeichen: $k(M; r)$.

$k(M; r) = \{X | \overline{XM} = r\}$: Kreislinie
$k_i(M; r) = \{X | \overline{XM} < r\}$: Innengebiet des Kreises
$k_a(M; r) = \{X | \overline{XM} > r\}$: Außengebiet des Kreises

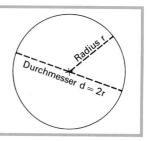

Begriffe am Kreis:

Kreisbogen – Mittelpunktswinkel – (Kreis-)-Sehne – (Kreis-)Sektor – (Kreis-)Segment.

φ: Mittelpunktswinkel

$\overparen{AB}$: Kreisbogen

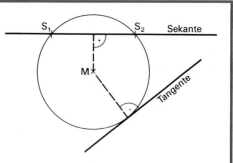

Lagebeziehungen zwischen Geraden und Kreis:

Eine Gerade schneidet einen Kreis genau dann in zwei Punkten **(Sekante)**, wenn ihr Abstand zum Mittelpunkt kleiner als der Radius ist.

Eine Gerade hat mit einem Kreis genau dann *einen* Punkt gemeinsam **(Tangente)**, wenn ihr Abstand zum Mittelpunkt gleich dem Radius ist.

Jede Tangente steht im Berührpunkt auf dem Radius senkrecht.[1]

Umkreise und Inkreise:

Jedes Dreieck besitzt einen Umkreis und einen Inkreis.
Mittelpunkt des Umkreises ist der Schnittpunkt der Mittelsenkrechten; Mittelpunkt des Inkreises ist der Schnittpunkt der Winkelhalbierenden.

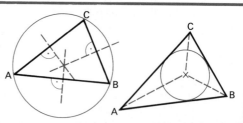

[1] Seite 121: Woran erkennt man Kreistangenten?

Ein Viereck, das einen Umkreis besitzt, heißt *Sehnenviereck*.

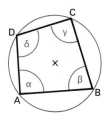

Charakterisierende Eigenschaft des Sehnenvierecks:

> Genau in Sehnenvierecken ergänzen sich gegenüberliegende Winkelmaße zu 180°.
>
> $$\alpha + \gamma = \beta + \delta = 180°$$

(vgl. die Aufgaben 17, 18 von Seite 65)

Ein Viereck, das einen Inkreis besitzt, heißt *Tangentenviereck*.

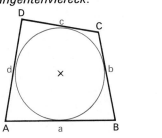

Charakterisierende Eigenschaft des Tangentenvierecks:[1]

> Genau in Tangentenvierecken ist die Summe der Längen zweier Gegenseiten gleich der Summe der Längen der beiden anderen Gegenseiten.
>
> $$a + c = b + d$$

Beispiele

1. Beschreibe die Möglichkeiten der gegenseitigen Lage zweier Kreise!

Lösung:

$r_2 < r_1$						
Lage der Kreise	„konzentrisch"	k_2 im Innengebiet von k_1	Berührung (von innen)	Kreise *schneiden* sich	Berührung (von außen)	k_2 im Außengeb. von k_1
gemeinsame Punkte	0	0	1	2	1	0
$d = \overline{M_1 M_2}$	$d = 0$	$d < r_1 - r_2$	$d = r_1 - r_2$	$r_1 - r_2 < d < r_1 + r_2$	$d = r_1 + r_2$	$d > r_1 + r_2$

[1] Seite 123: Wie beweist man die charakterisierende Eigenschaft des Tangentenvierecks?

2. Konstruiere einen Kreis, der eine gegebene Gerade g in einem vorgegebenen Punkt P berührt und durch einen weiteren vorgegebenen Punkt A verläuft!

Lösung:

Den gesuchten Kreismittelpunkt findet man durch folgenden Überlegungen:
Er liegt
1. auf dem Lot in P zur Geraden g (da g Tangente sein soll),
2. auf der Mittelsenkrechten zu den beiden Punkten A und P.

Der gesuchte Mittelpunkt ist also der Schnittpunkt des Lotes und der Mittelsenkrechten.

3. Konstruiere die Tangenten von einem Punkt P außerhalb eines Kreises an den Kreis!

Lösung:

Man zeichnet einen Kreis mit [MP] als Durchmesser (Thaleskreis über [MP]!). Dieser schneidet den gegebenen Kreis in den Berührpunkten S_1 und S_2. PS_1 und PS_2 sind die gesuchten Tangenten.

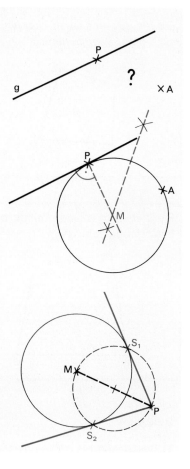

Aufgaben

*1. Von einem Kreis mit Radius 3 cm sei nur noch ein kurzer Kreisbogen vorhanden. Der Mittelpunkt sei nicht mehr bekannt.
Bestimme mit Hilfe des Zirkels den Mittelpunkt und ergänze daraufhin den Kreis!

2. Gegeben seien die Punkte A (1; 1) und B (5; 3).
   a) Schraffiere die Menge m_1 aller Punkte, deren Distanz von A weniger als 4 cm, von B weniger als 3 cm beträgt!
   b) Schraffiere die Menge m_2 aller Punkte, deren Distanz von A mindestens 4 cm, von B höchstens 3 cm beträgt!
   c) Schraffiere die Menge m_3 aller Punkte, deren Distanz von A mehr als 3 cm, von B mindestens 4 cm beträgt!

3. Schreibe die Mengen m_1, m_2, m_3 von Aufgabe 2 in möglichst knapper Zeichenschreibweise!

·4. Gegeben sei der Punkt P (0; 1). Zeichne wenigstens sechs verschiedene Kreise jeweils mit dem Radius 1 cm, die durch den Punkt P gehen.
Wo liegen die Mittelpunkte aller Kreise vom Radius 1 cm, die durch den Punkt P verlaufen?

·5. Wähle zwei beliebige verschiedene Punkte A und B. Zeichne wenigstens sechs verschiedene Kreise, die durch die Punkte A und B verlaufen!
Wo liegen die Mittelpunkte aller Kreise, die durch die Punkte A und B verlaufen?

·6. Gegeben seien die Punkte A $(-2; -1)$, B $(1; 3)$, C $(2; 1)$, D $(-2; 1)$.
a) Zeichne diejenigen Kreise mit Radius 3 cm, die durch A und B verlaufen!
b) Zeichne denjenigen Kreis durch A und B, dessen Mittelpunkt auf der Geraden CD liegt!

7. Gegeben M_1 $(4; 5)$, $r_1 = 3$ cm, $r_2 = 1$ cm, die Abszisse von M_2 sei 4.
Welche Ordinaten kann M_2 haben, wenn der Kreis $k (M_2; r_2)$ den Kreis $k (M_1; r_1)$ berühren soll? Zeichne alle möglichen Kreise!

8. Gegeben seien die Punkte M_1 $(5; 4)$ und M_2 $(6,5; 4)$.
Welchen Radius r darf $k (M_2; r)$ höchstens haben, damit $k_i (M_2; r)$ echte Teilmenge von $k_i (M_1; 4$ cm$)$ ist?

9. Gegeben ist der Kreis $k (M; 2$ cm$)$ mit $M (2; 2,5)$.
Zeichne alle Kreise mit Radius 2 cm, die den vorgegebenen Kreis berühren und deren Mittelpunkte auf den Koordinatenachsen liegen!

·10. Zeichne einen möglichst kleinen Kreis, der einen vorgegebenen anderen Kreis und eine Gerade berührt (s. Zeichnung)!

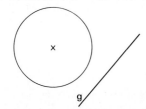

11. Zeichne einen Kreis, der einen anderen Kreis im vorgegebenen Punkt P berührt und durch einen vorgegebenen Punkt A verläuft (s. Zeichnung)!

a)
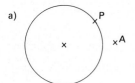

b)
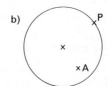

12. Wo liegen die Mittelpunkte aller Kreise vom vorgegebenen Radius r, die eine vorgegebene Gerade zur Tangente haben?

13. Zeichne alle Kreise mit Radius 2 cm, die zwei sich schneidende Gerade berühren!

•14. Der Mittelpunkt des Kreises k(M; 2 cm) habe von der Geraden g den Abstand 4 cm. Zeichne diejenigen Kreise mit Radius 1,5 cm, die den vorgegebenen Kreis und die Gerade g berühren!

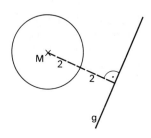

15. Gegeben sei der Kreis k(M; 3 cm) mit M(2; 1).
   a) Zeichne in den Schnittpunkten des Kreises mit den Koordinatenachsen jeweils die Tangente!
   b) Gibt es unter den gezeichneten Tangenten parallele?
   c) Wann sind zwei Tangenten eines Kreises zueinander parallel?

16. Lege an einen Kreis diejenigen Tangenten, die zu einer vorgegebenen Geraden g (s. Figur rechts)
   a) parallel
   b) senkrecht sind!

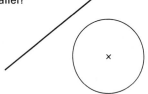

17. Gegeben seien die Punkte A(1; 3), B(7; 1), C(7; 6).
Es soll ein Kreis um C gezeichnet werden, der die Gerade AB berührt. Ermittle den Berührpunkt, bevor du den Kreis zeichnest!

18. Zeichne alle Kreise mit dem Radius 1 cm und 2 cm, die eine vorgegebene Gerade in einem vorgegebenen Punkt P berühren!

19. Was stimmt hier nicht?
Michael behauptet: Durch drei verschiedene Punkte gibt es stets einen Kreis.

20. Gegeben seien der Kreis k(M; 1 cm) mit M(2; 0) und die Punkte A(−1; 0), B(0; 1). Zeichne ein Dreieck, von dem zwei Seiten zu den Koordinatenachsen parallel sind, die dritte Seite zur Geraden AB parallel ist und für das der gegebene Kreis ein Inkreis ist! Wie viele Lösungen hat die Aufgabe?

21. Konstruiere vom Punkt P(−2; 2) aus alle Tangenten an alle Kreise mit dem Radius 3 cm, die die Koordinatenachsen berühren!

•22. P sei ein beliebiger Punkt auf der äußeren Kreislinie eines Kreisrings. Konstruiere von P aus die längste Sehne, die ganz im Kreisring liegt!

23. Zeichne in einen Kreis mit Radius 4 cm gleichmäßig verteilt gleich lange Sehnen der Länge 6 cm! Was fällt auf?

24. Konstruiere den geometrischen Ort der Mittelpunkte aller Sehnen der Länge a (< 2r) in einem Kreis mit Radius r!

25. Zeichne zu einem gegebenen Kreis mit Radius 1,5 cm als Inkreis jeweils ein Tagenten-viereck so, daß
   a) je zwei Gegenseiten des Tangentenvierecks parallel sind
   b) nur zwei Seiten des Tangentenvierecks parallel sind
   c) das Tangentenviereck keine parallele Seiten hat!

•26. Gegeben ist ein Kreis um M mit Radius 4 cm und ein Punkt P mit $\overline{PM} = 7$ cm. Konstruiere durch P Sekanten, die aus dem Kreis Sehnen der Länge 3 cm ausschneiden!

˙27. Beweise: Die Abschnitte der Tangenten von einem Punkt außerhalb eines Kreises an diesen sind gleich lang.

˙28. Beweise: In jedem Tangentenviereck ist die Summe zweier Gegenseitenlängen gleich der Summe der beiden anderen Gegenseitenlängen.

29. Widerlege folgende Behauptung: Parallelogramme sind Tangentenvierecke.

30. Beweise: Drachenvierecke sind Tangentenvierecke.

31. Konstruiere ein Tangentenviereck, dessen Inkreis die positiven Koordinatenachsen und die Gerade AB mit A$(4,5; 0)$ und B$(0; 3,5)$ so berührt, daß
   a) die vierte Seite zur x-Achse parallel ist
   b) die vierte Seite zur y-Achse parallel ist
   c) die vierte Seite zur Geraden AB parallel ist!

32. Konstruiere eine Raute mit dem Inkreisradius 2 cm und einem Innenwinkelmaß von 60°!

33. Konstruiere ein Tangentenviereck ABCD aus $\overline{AD} = 5$ cm; $\overline{DC} = 6$ cm; $|\sphericalangle DCB| = 78°$; $|\sphericalangle ADC| = 57°$!

34. Konstruiere ein Tangentenviereck ABCD aus $\overline{BC} = 5,6$ cm; $\overline{DC} = 3,1$ cm; $\overline{AD} = 4,6$ cm; $\overline{AC} = 6,4$ cm!

35. a) Zeichne wenigstens drei – möglichst unterschiedliche – Vierecke, die *keinen* Umkreis haben!
   b) Zeichne wenigstens drei verschiedene Vierecke, die einen Umkreis haben!

36. Konstruiere ein Sehnenviereck ABCD mit A$(1; 3)$, B$(4; 0)$, C$(6; 5)$ so, daß es
   a) eine zur x-Achse parallele Seite hat
   b) einen rechten Winkel hat
   c) zwei gleich lange Seiten hat!

˙37. Aus der Schulaufgabensammlung
   a) Gruppe A
   Gegeben seien die Punkte M$(2; 2)$, A$(1; 1)$, B$(6; 4)$.
   Zeichne k_i(M; 2 cm) $\cap$ [AB]. Schraffiere die Punktmenge m $= \{X | [MX] \cap AB = \{\}\}$!

   Gruppe B
   Gegeben seien die Punkte M$(2; 2)$, A$(1; 1)$, B$(6; 4)$.
   Zeichne k_a(M; 2 cm) $\cap$ [AB]. Schraffiere die Punktmenge m $= \{X | [MX] \cap AB \neq \{\}\}$!

   b) Gruppe A
   Gegeben sei der Punkt A$(1; -2)$.
   Kennzeichne farbig folgende Punktmenge: $\{P(x; y) | 3 \leq \overline{AP} < 4 \text{ und } -1 < x\}$!
   Gruppe B
   Gegeben sei der Punkt B$(3; -1)$.
   Kennzeichne farbig folgende Punktmenge: $\{P(x; y) | 2 < \overline{BP} \leq 4 \text{ und } -2 < y\}$!

c) **Gruppe A**
Gegeben sei der Punkt M. Wo darf der Punkt A liegen, wenn die Kreise k_1 (M; 4 cm) und k_2 (A; 1,5 cm) sich von außen berühren sollen?

Gruppe B
Gegeben sei der Punkt M. Wo darf der Punkt A liegen, wenn die Kreise k_1 (M; 3 cm) und k_2 (A; 1,5 cm) sich von innen berühren sollen?

d) **Gruppe A**
Es sei $\overline{AB}$ = 4 cm und es gelte: k (A; 2,5 cm) $\cap k$ (B; r) = $\{S_1; S_2\}$.
Welche Bedingung folgt daraus für r?

Gruppe B
Es sei $\overline{AB}$ = 3,5 cm und es gelte: k (A; r) $\cap k$ (B; 2 cm) = { }.
Welche Bedingung folgt daraus für r?

e) **Gruppe A**
Zeichne eine Gerade g und einen Punkt P mit 5 cm Abstand von g. Zeichne daraufhin alle Kreise vom Radius 3 cm, die durch den Punkt P gehen und die Gerade g berühren!

Gruppe B
Zeichne eine Gerade g und einen Punkt P mit 2 cm Abstand von g. Zeichne daraufhin alle Kreise vom Radius 3 cm, die durch P gehen und die Gerade g berühren!

°**38.** *Nochmals: Geometrie und Geographie!*

Eine bekannte Denksportaufgabe lautet: Jemand marschiert einen Kilometer nach Süden, ändert dann seine Richtung und läuft einen Kilometer genau nach Osten. Dann dreht er sich wieder und marschiert einen Kilometer nach Norden. Nun stellt er fest, daß er sich an dem Punkt befindet, von dem aus er aufgebrochen war. Er schießt an dieser Stelle einen Bären. Welche Farbe hatte der Bär?

Die Antwort muß natürlich lauten: „weiß"; denn – so wirst du nach kurzer Überlegung begründen – der Jäger befindet sich offenbar am Nordpol!

Nun kommt die eigentliche Aufgabe: Gibt es auf der Erde noch weitere Punkte, von denen aus man 1 km nach Süden, dann 1 km nach Osten, dann 1 km nach Norden gehen kann, um wieder am Ausgangspunkt anzukommen?

°**39.** *Kreise und Tangenten im Straßenbau*

Die Gerade hat beim Straßenbau die Besonderheit, daß sie dem Planer und Erbauer mehr Vorteile bietet als dem Benutzer. Die Gerade zielt fast immer in die falsche Richtung. Das zeigt schon die nächste Kurve. Die einfachste Kurvenform ist der Kreisbogen.

A. Richtlinien für die **A**nlagen von **L**andstraßen (**RAL**):

a) Bei der Anwendung der Geraden soll die Höchstlänge [m] etwa das 20fache der Erwartungsgeschwindigkeit [km/h] nicht überschreiten.
Bei Geraden zwischen gleichsinnig gekrümmten Kurven, die möglichst zu vermeiden sind, sollen die Mindestlängen etwa das 6fache der Erwartungsgeschwindigkeit betragen.

b) Im gleichen Krümmungssinn aneinanderstoßende Kreisbögen mit verschiedenen Radien, aber gemeinsamer Tangente im Stoßpunkt bilden einen *Korbbogen*. Mehr als drei Korbbogenstücke dürfen nicht aneinanderstoßen. Die Aneinanderreihung von Bögen mit stark unterschiedlichen Radien ist zu vermeiden. Der Kreisbogen mit dem größeren Radius soll nicht zu kurz sein.

c) Bei der Folge Gerade – Kurve sind in Abhängigkeit von der Länge L der Geraden und der Erwartungsgeschwindigkeit v_e Radiengrößen gemäß Tabelle 1 und Tabelle 2 anzuwenden.

Die Gerade ist die kürzeste Verbindung zwischen zwei Punkten. Dieser Fall kommt beim Straßenbau kaum vor. Zwischen zwei gegebenen Tangenten (z. B. Ortseinfahrten) ist meist die Kurve oder die S-Kurve die gewählte Verbindung.

Eine kurze Zwischengerade zwischen zwei gleichsinnigen Bögen wirkt bei der Blickhöhe des Fahrers noch schroffer als im Luftbild.

Tab. 1

$L \leq 500\,m \Rightarrow R \geq L$ [m]
$L > 500\,m \Rightarrow R \geq 500\,m$

Tab. 2

v_e [km/h]	40	60	80	100	120	140
R_{min} [m]	60	160	350	600	1000	1400

Mindestradien für die Traversierung von Kreisbögen

Aufgabe 1:
Konstruiere eine Straßenführung, bei der ein geradliniges Straßenstück durch Zwischenschalten eines Kreisbogens mit R = 2000 m eine Richtungsänderung von 40° erfährt!

Aufgabe 2:

Gegeben seien in einem Koordinatensystem (LE Kilometer) die Punkte A (1; 1), B (3; 3), C (8; 4).

a) Zeichne im Maßstab 1 : 100 000 eine Straßenführung, die A und B geradlinig und anschließend B und C mit einem Kreisbogen verbindet!

b) Stelle fest, ob diese Straßenführung als Autobahntrassierung (Erwartungsgeschwindigkeit 140 km/h) den RAL entsprechen würde!

B. Richtlinien für die **A**nlagen von **St**adtstraßen (**RAST**):

a) Die Bemessung der Eckausrundungen an Knotenpunkten richtet sich nach der Verkehrsmischung und der Bedeutung des Knotenpunktes. An untergeordneten Knotenpunkten mit geringem Verkehr können in Abhängigkeit vom Einmündungswinkel folgende Ausrundungen angewendet werden:

Einmündungs winkel	75 gon	100 gon	125 gon
R [m]	6,00	8,00	12,00

Da bei diesen Ausrundungen größere Lkw beim Rechtsabbiegen die Gegenfahrbahn mitbenutzen müssen, ist durch eingeschränktes Halteverbot dafür zu sorgen, daß die Mitbenutzung der Gegenfahrbahn für abbiegenden Schwerverkehr möglich ist.

b) Werden Knotenpunkte häufiger befahren, ist ein dreiteiliger Korbbogen mit einem Hauptbogen von $R_0 = 8,00$ m, einem Vorbogen $2 R_0$ und einem Nachbogen $3 R_0$ zu wählen. Der Mittelpunktswinkel des Vorbogens ist 17,5 gon, der des Nachbogens 22,5 gon.

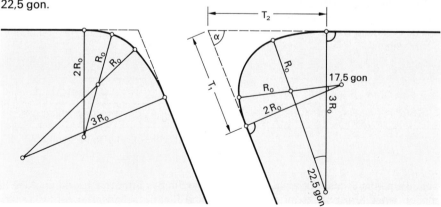

Bordsteinführung bei Schwerlastverkehr

▷

Tabelle der Bordsteinführung nach RAST (dreiteiliger Korbbogen $2R_0/R_0/3R_0$) für die Meßstrecken T_1 und T_2 bei $R_0 = 8,00$ m in Abhängigkeit vom Einmündungswinkel α.

α [gon]	T_1 [m]	T_2 [m]
50	23,18348	26,264368
75	15,338576	18,244736
100	11,160000	13,837600
125	8,462632	10,798168
150	6,583280	8,286768

Aufgabe 3:
Zeichne nach den RAST eine einfache Eckausrundung bei der Einmündung einer 6,00 m breiten Anliegerstraße in eine Hauptverkehrsstraße bei dem Einmündungswinkel $\alpha = 125$ gon. (Maßstab 1 : 200)

Aufgabe 4:
Zeichne nach den RAST die Bordsteinführung für Schwerverkehr bei Einmündung einer 6,00 m breiten Nebenstraße in eine Hauptverkehrsstraße bei folgenden Einmündungswinkeln: $\alpha = 100$ gon; $\alpha = 125$ gon; $\alpha = 150$ gon!

C. Die direkte Überleitung von Geraden in Kreisbögen oder von Kreisbögen ineinander ist nur bei untergeordneten Straßen üblich. Bei den meisten Straßen verbessert man die Überleitung noch durch „Übergangsbögen", die besondere mathematische Kurven darstellen. Bei der Verbindung von gleichsinnigen Kreisbögen untereinander erhält man dann „Eilinien". Diese haben ihren Namen von der Form des Vogeleis, bei dem vier Kreisbögen durch Übergangsbögen ineinander fließen.

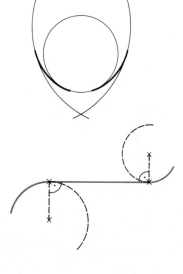

Aufgabe 5:
Zwei Kreisbögen mit einem bestimmten Abstand voneinander, können im Straßenbau zur Not durch eine gemeinsame Tangente verbunden werden.
Was jedoch sowohl optisch als auch fahrtechnisch besser ist, findest du sicher selbst.
Zeichne solch eine verbesserte Straßenführung zwischen zwei gegensinnigen Kreisbögen „mit freier Hand"!

Umfangswinkel

Die Schenkel eines Mittelpunktswinkels mit dem Maß μ zerlegen die Kreislinie in zwei Kreisbogen. Der Bogen *im* Winkelfeld von μ wird mit $\widehat{AB}$ bezeichnet. Der andere heißt *Restbogen* zu $\widehat{AB}$.

Als *Umfangswinkel* über dem Bogen $\widehat{AB}$ bezeichnet man jeden Winkel, dessen Schenkel durch A und B gehen und dessen Scheitel auf dem Restbogen zu $\widehat{AB}$ liegt.

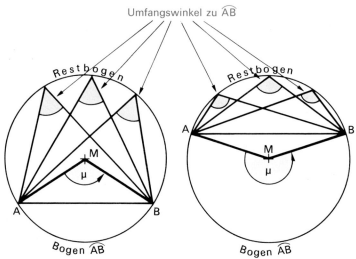

Für die Größe der Umfangswinkel gilt der *Umfangswinkelsatz:*[1]

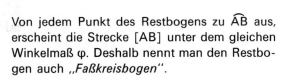

a) Alle Umfangswinkel über demselben Kreisbogen $\widehat{AB}$ sind gleich.

b) Jeder Umfangswinkel ist halb so groß wie der zugehörige Mittelpunktswinkel.

c) Jeder Umfangswinkel ist so groß wie der zugehörige „Sehnen-Tangentenwinkel".

$$\mu = 2\varphi$$
$$\tau = \varphi$$

τ: Maß des „Sehnen-Tangentenwinkels"

Von jedem Punkt des Restbogens zu $\widehat{AB}$ aus, erscheint die Strecke [AB] unter dem gleichen Winkelmaß φ. Deshalb nennt man den Restbogen auch „*Faßkreisbogen*".

Durch Spiegelung eines Faßkreisbogens an der Geraden AB erhält man das *Faßkreisbogenpaar*, von dem aus die Strecke [AB] unter einem festen Winkel erscheint:

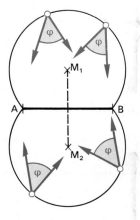

Die Menge aller Punkte, von denen aus eine Strecke unter dem gleichen Winkelmaß erscheint, ist das Faßkreisbogenpaar zu diesem Winkelmaß über der Strecke als Sehne.

Faßkreisbogenpaar über [AB] zu φ

Der Thaleskreis ist das Faßkreisbogenpaar zum Umfangswinkelmaß 90°:

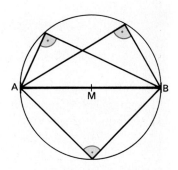

Der Thaleskreis ist die Menge aller Punkte, von denen aus eine Strecke unter einem rechten Winkel erscheint.

Thaleskreis über [AB]

[1] Seite 123: Wie beweist man den Umfangswinkelsatz?

Beispiele

1. Konstruiere die Menge aller Punkte, von denen aus eine gegebene Strecke [AB] unter einem Winkel vom Maße φ erscheint.

Lösung: Konstruktion für φ < 90° ▷
Konstruktion für φ > 90° ▽

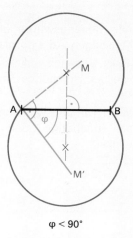

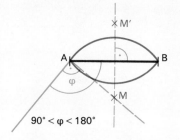

90° < φ < 180°

φ < 90°

Zeichne im Punkt A an die Halbgerade [AB einen Winkel vom Maße φ. Errichte in A auf den angetragenen Schenkel das Lot. Dieses schneidet die Mittelsenkrechte zu [AB] im Mittelpunkt M des gesuchten Faßkreisbogens.
Die Spiegelung von M an AB ergibt den Mittelpunkt M′ des zweiten Faßkreisbogens.

2. Konstruiere ein Dreieck ABC aus dem Umkreisradius r = 3 cm; α = 50°; β = 80°. (Plan; Konstruktion; Beschreibung)

Plan:

Planfigur:

1. Das Teildreieck BCM ist nach SWS eindeutig konstruierbar aus

$$\overline{BM} = \overline{CM} = r \text{ und } |\not\angle BMC| = 2\alpha.$$

2. A liegt dann

1. auf dem freien Schenkel des Winkels β in B an [BC und
2. auf dem Kreis k (M; r).

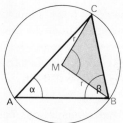

Beschreibung:

Man zeichnet zunächst den Umkreis des gesuchten Dreiecks mit r = 3 cm. Die Schenkel des beliebig gelegenen Mittelpunktswinkels vom Maße 100° schneiden den Kreis in den Punkten B und C. Der freie Schenkel des Winkels 80° in B an [BC schneidet den Kreis schließlich im Punkt A.

Konstruktion:

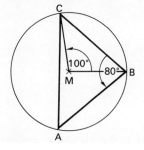

3. Konstruiere ein Parallelogramm ABCD aus den Diagonalenlänge e = 5 cm, f = 3 cm und dem Innenwinkelmaß α = 50°.

Plan:

1. B und D durch $\overline{BD}$ = f gegeben.
2. A liegt
   1. auf dem Faßkreisbogen zum Winkel α über [BD] und
   2. auf dem Kreis um den Mittelpunkt M von [BD] mit Radius $\frac{1}{2}$e.
   3. C erhält man z.B. durch Spiegelung von A am Punkt M.

Planfigur:

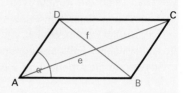

Beschreibung:

Man zeichnet zunächst die Strecke [BD] mit $\overline{BD}$ = 3 cm.

Zu dieser Strecke konstruiert man (wie im Beispiel 1) den Faßkreisbogen zum Winkel 50°. Der Kreis um den Mittelpunkt M der Strecke [BD] mit dem Radius 2,5 cm schneidet den Faßkreis in den Punkten A und A'. Spiegelt man A am Punkt M, indem man [AM] um sich selbst über M hinaus verlängert, so erhält man den vierten Eckpunkt C. Entsprechend erhält man C'. ABCD ist das gesuchte Parallelogramm. (A'BC'D ist zum Parallelogramm ABCD kongruent.)

Konstruktion:

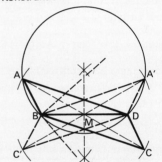

Aufgaben

1. Konstruiere in einem Kreis mit Radius r = 3 cm jeweils eine Sehne, zu der folgende Umfangswinkel gehören:

a) 30°   b) 60°   c) 90°   d) 100°   e) 120°   f) 150°

2. Ein Mittelpunktswinkel und sein zugehöriger Umfangswinkel ergeben zusammen 120° (100°; 360°). Wie groß ist jeder?

3. Konstruiere zur Strecke [AB] mit $\overline{AB}$ = 5 cm

a) das Faßkreisbogenpaar zum Umfangswinkelmaß φ = 60°,

b) das Faßkreisbogenpaar zum Umfangswinkelmaß φ = 100°.

c) Schraffiere die Menge aller Punkte, von denen aus die Strecke [AB] unter einem Winkel vom Maße φ mit 60° ≤ φ ≤ 100° erscheint!

4. Konstruiere diejenigen Punkte der x-Achse, von denen aus die Strecke [AB] unter einen Winkel α erscheint.

a) A (1; 1); B (4; 3); α = 50°   b) A (0; 0); B (4; 3); α = 100°

c) A (0; −3); B (0; 4); α = 90°   d) A (−2,4; 3,2); B (4; 3,2); α = 90°

5. Gegeben seien die Punkte A (0; 5); B (0; 0); C (−3; 2).
Konstruiere diejenigen Punkte, von denen aus [AB] und [BC] jeweils unter einem Winkel von 45° erscheint!

6. Gegeben seien die Punkte A (5; 0), B (0; 0), C (−3; −2).

   a) Konstruiere diejenigen Punkte, von denen aus [AB] unter einem Winkel von 30° und [BC] unter einem Winkel von 80° erscheint.

   b) Auf welchem Faßkreisbogenpaar über [AC] liegen die gesuchten Punkte auch?

   c) Verwende die Überlegung aus b) als Konstruktionskontrolle für die Aufgabe a)!

˙7. a) In einem Dreieck erscheint vom Punkt P aus jede Seite unter einem gleichen Winkel. Wie groß ist dieser?

   b) Konstruiere den Punkt P für ein Dreieck mit den Seitenlängen 5 cm; 6 cm; 7 cm.

   c) Begründe, warum es in einem Dreieck mit dem Innenwinkelmaß $\alpha \geq 120°$ keinen Punkt geben kann, von dem aus die drei Seiten unter dem gleichen Winkel erscheinen!

˙8. Beweise: In einem rechtwinkligen Dreieck mit einem 30°-Winkel ist die kleinere Kathete halb so lang wie die Hypotenuse.

9. Bilde zu dem Satz in Aufgabe 8 die beiden Kehrsätze und stelle fest, ob sie wahr sind!

˙10. Konstruiere ein rechtwinkliges Dreieck so, daß

   a) [AB] Hypotenuse, $\overline{AB} = 4{,}5$ cm; $\alpha = 30°$;

   b) [AC] Hypotenuse, $\overline{AC} = 4{,}5$ cm, Höhe $h_b = 1{,}5$ cm;

   c) [BC] Hypotenuse, $\overline{BC} = 4{,}5$ cm, $\overline{AC} = 2{,}5$ cm.

˙11. Konstruiere Dreiecke aus folgenden Maßen (r Umkreisradius):

   a) $r = 3{,}5$ cm, $\alpha = \beta = 65°$;   b) $r = 3{,}5$ cm, $\alpha = 45°$, $c = 2$ cm;

   c) $r = 3{,}5$ cm, $\beta = 80°$, $h_b = 1{,}5$ cm;   d) $r = 3{,}5$ cm, $\alpha = 60°$, $h_a = 3{,}5$ cm;

   e) $a = 6$ cm, $\alpha = 70°$, $h_a = 4$ cm;   f) $c = 5$ cm, $\gamma = 40°$, $s_c = 6$ cm.

°12. Konstruiere ein Dreieck ABC aus:

   $\alpha = 60°$, $s_a = 4{,}5$ cm, $s_c = 5{,}7$ cm.

   Benutze den Satz über das Teilverhältnis der Seiten-halbierenden im Dreieck:

> Die Seitenhalbierenden eines Dreiecks teilen sich im Verhältnis 2 : 1.

Beispiel:
$\overline{AS} = 2 \cdot \overline{MS}$

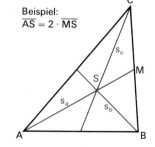

13. Konstruiere ein Parallelogramm mit den Diagonalen-längen $e = 4$ cm, $f = 6$ cm

   a) wenn ein Innenwinkel doppelt so groß ist, wie der benachbarte;

   b) wenn ein Innenwinkel um 26° größer ist als der benachbarte!

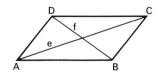

14. Konstruiere ein Viereck ABCD aus den beiden Seitenlängen a und b, den beiden Diagonallängen e und f sowie dem Innenwinkelmaß δ.

15. Konstruiere ein Fünfeck ABCDE aus den vier Diagonalenlängen $\overline{AC}$, $\overline{AD}$, $\overline{EB}$, $\overline{EC}$ sowie der Seitenlänge $\overline{DC}$ und den Innenwinkelmaßen β und ε!

16. Beweise:
Für Umfangswinkel φ_1 und φ_2 zu einem Bogen und seinem Restbogen gilt:
$\varphi_1 + \varphi_2 = 180°$.

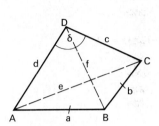 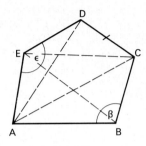 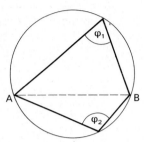

zu Aufgabe 14.   zu Aufgabe 15.   zu Aufgabe 16.

·17. Beweise:
Gegenwinkel im Sehnenviereck ergänzen sich zu 180°!

18. Beweise:
Ergänzen sich Gegenwinkelmaße in einem Viereck zu 180°, dann handelt es sich um ein Sehnenviereck.

19. Beweise:
Die Winkelhalbierenden der Innenwinkel eines beliebigen Vierecks schließen stets ein Sehnenviereck ein.

·20. Konstruiere Sehnenvierecke aus:
   a) r = 2,3 cm, δ = 62°, a = 2,5 cm, d = 4 cm;
   b) α = 112°, a = 6 cm, b = 5 cm, $\overline{BD}$ = 7 cm;
   c) a = 4,3 cm, e = f = 5,6 cm, β = 75°;
   d) d = 5 cm, f = 8 cm, α = 70°, β = 80°.

21. Beweise:
Ein Sehnenviereck mit einem Paar gleich langer Gegenseiten ist ein gleichschenkliges Trapez.

22. Beweise:
Zwei beliebige Gerade durch den Berührpunkt zweier Kreise erzeugen zwei parallele Sehnen $[A_1B_1]$ und $[A_2B_2]$ (s. Figur).

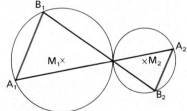

23. Beweise:
Die Winkelhalbierenden des Winkels γ aller Dreiecke ABC mit vorgegebener Seite c und vorgegebenem Winkel γ schneiden sich in einem Punkt.

Reguläre Vielecke

Ein Vieleck (n-Eck) heißt *regulär*, wenn alle seine Seiten und seine Innenwinkel gleich groß sind.

Die Vierecksfolge

Zeichnet man in einem Kreis zwei aufeinander senkrechte Durchmesser, so bilden die auf der Kreislinie liegenden Eckpunkte ein Quadrat (*reguläres Viereck*).
Halbiert man nun die Mittelpunktswinkel des Quadrats, so entsteht das *reguläre Achteck*. Durch weitere fortgesetzte Halbierungen der Mittelpunktswinkel kann man das *reguläre 16-Eck, 32-Eck, ...,* allgemein das $4 \cdot 2^n$-*Eck* mit Zirkel und Lineal konstruieren.

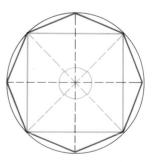

Die Dreiecksfolge

Zeichnet man den Umkreis eines *gleichseiti-gen* Dreiecks („reguläres" Dreieck) und halbiert die Mittelpunktswinkel dieser Dreiecke, so entsteht das *reguläre Sechseck*.
Durch weitere fortgesetzte Halbierungen der Mittelpunktswinkel kann man das *reguläre 12-Eck, 24-Eck, ...*, allgemein das $3 \cdot 2^n$-*Eck* mit Zirkel und Lineal konstruieren.

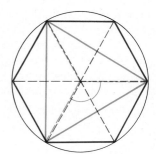

Eigenschaften regulärer Vielecke:

Jedes reguläre Vieleck ist *Sehnenvieleck* und *Tangentenvieleck*.[1]
Jedes reguläre Vieleck ist *achsensymmetrisch* zu

a) der Winkelhalbierenden eines jeden Innenwinkels,

b) jeder Mittelsenkrechten einer Seite.

Alle Symmetrieachsen schneiden sich in einem Punkt. Dieser ist sowohl Umkreismittelpunkt wie auch Inkreismittelpunkt des regulären Vielecks.

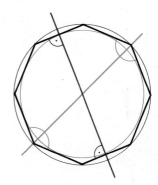

Der Schnittpunkt der Symmetrieachsen heißt *Mittelpunkt* des regulären Vielecks.

Das gleichschenklige Dreieck, das man erhält, wenn man den Mittelpunkt mit den Endpunkten einer Seite verbindet, heißt *Bestimmungsdreieck*.

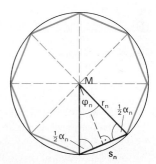

Bezeichnungen am regulären n-Eck:

Seitenlänge:	s_n
Umfang:	u_n
Innenwinkel:	α_n
Mittelpunktswinkel:	φ_n
Umkreisradius:	r_n
Inkreisradius:	ρ_n

Für reguläre n-Ecke gilt:

$$u_n = n \cdot s_n;$$
$$\varphi_n = \frac{360°}{n}; \quad \alpha_n = \frac{(n-2)}{n} \cdot 180°$$

ρ_n: Basishöhe im Bestimmungsdreieck

[1] S.126: Warum sind reguläre Vielecke „eine runde Sache"?

Nicht alle möglichen regulären Vielecke können jetzt schon mit Zirkel und Lineal konstruiert werden. So benötigt man z. B. zur Konstruktion des *regulären Fünfecks* Kenntnisse über den sogenannten „Goldenen Schnitt". Andererseits lassen sich reguläre n-Ecke auch nicht für beliebige Eckenzahl n konstruieren. So konnte bereits im Jahr 1796 der deutsche Mathematiker *Carl Friedrich Gauß* (1777–1855) zeigen, daß ein reguläres Vieleck immer dann mit Zirkel und Lineal konstruierbar ist, wenn n eine Primzahl von der Form $2^{2^k} + 1$ (k ∈ ℕ) ist.
(Demnach ist – wenigstens theoretisch – z. B. ein reguläres 65537-Eck konstruierbar!)

Beispiele

1. Konstruiere ein *reguläres Sechseck* mit der Seitenlänge a cm.

Lösung:
Zeichne einen Kreis mit Radius a cm und trage auf diesem nacheinander sechs Sehnen der Länge a cm ab.

Begründung:
Das konstruierte Sechseck besteht aus sechs gleichseitigen Dreiecken der Seitenlänge a cm und ist deshalb regulär.

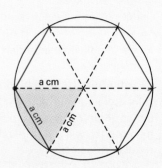

2. Konstruiere ein *reguläres Achteck* mit einem Umkreisradius von a cm.

Lösung:
Zeichne einen Kreis mit Radius a cm und trage zwei aufeinander senkrecht stehende Durchmesser ein. Die sich ergebenden vier Schnittpunkte mit der Kreislinie bilden zusammen mit den Schnittpunkten der Winkelhalbierenden der 90°-Winkel die Eckpunkte des gesuchten Achtecks.

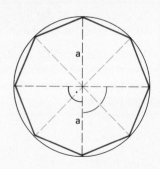

3. Vom n-Eck zum *2n-Eck*
Aus einem beliebigen regulären n-Eck erhält man zum gleichen Umkreis das reguläre Vieleck mit doppelter Eckenzahl („2n-Eck"), indem man alle Basishöhen der Bestimmungsdreiecke bis zum Kreis verlängert.

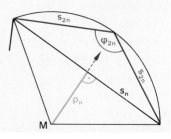

Aufgaben

*1. Reguläre Sechsecke besitzen eine besonders angenehme Eigenschaft! Was für eine Eigenschaft (die man zum raschen Zeichnen des Sechsecks benutzen kann) ist das?

2. Betrachte die gezeichnete Schraubenmutter. An welchen Stellen besitzt sie größte Materialdicke? Wie „dick" ist das Material an diesen Stellen?
(Übrigens, wie „dünn" das Material der Mutter an ihren „dünnsten" Stellen ist, lernst du erst im nächsten Jahr zu berechnen. Du brauchst dazu den sogenannten „Satz des Pythagoras".)

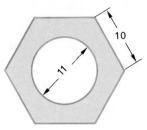

*3. a) Konstruiere ein reguläres 12-Eck mit Umkreisradius 7 cm!
　　b) Konstruiere ein reguläres 16-Eck mit Umkreisradius 7 cm!

4. Miß die Innenwinkel der in Aufgabe 3 konstruierten Vielecke so genau wie möglich und vergleiche mit den exakten Werten des Innenwinkelmaßes eines 12-Ecks und eines 16-Ecks!

5. a) Wie viele Diagonalen lassen sich von jeder Ecke eines 12-Ecks (eines 16-Ecks) aus ziehen?
　　b) Wie groß ist die Gesamtzahl aller Diagonalen eines 12-Ecks (eines 16-Ecks)?

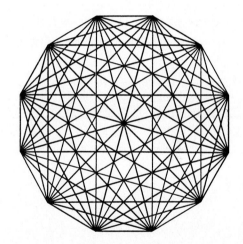

6. a) Zeige, daß sich von jeder Ecke eines n-Ecks aus $(n-3)$ Diagonalen ziehen lassen.
　　b) Zeige, daß die Gesamtzahl aller Diagonalen eines n-Ecks $\dfrac{n(n-3)}{2}$ beträgt.
　　c) Zeige, daß ein n-Eck durch die Diagonalen, welche von einer Ecke ausgehen, in $(n-2)$ Dreiecke zerlegt wird.

*7. Beweise, daß die Winkelsumme eines beliebigen n-Ecks $(n-2) \cdot 180°$ beträgt, und begründe damit die Formel für die Größe der Innenwinkel im regulären n-Eck.

*8. Berechne die Innen- und Mittelpunktswinkel eines regulären n-Ecks für
n = 5; 6; 8; 10; 12; 16; 20; 24; 32; 80; 128; 192; 768; 1024.

9. Wie viele Ecken hat ein reguläres Vieleck, dessen Winkelsumme
　　a) 3960°　　b) 14040°　　c) 5400°　　d) 137880°　　e) 2520°　　beträgt?

10. Konstruiere zunächst das Bestimmungsdreieck für ein reguläres 8-Eck (12-Eck, 16-Eck) mit der Seitenlänge 4 cm und anschließend damit das Vieleck.

•11. Zeichne in den Ecken eines regulären n-Ecks die Tangenten an den Umkreis. Welche Figur entsteht?

12. Überlege, welche der angegebenen Beziehungen zutreffen:

$s_n < s_{2n}$ oder $s_n = s_{2n}$ oder $s_n > s_{2n}$

$u_n < u_{2n}$ oder $u_n = u_{2n}$ oder $u_n > u_{2n}$

13. Beweise, daß jedes reguläre Vieleck Sehnen- und Tangentenvieleck ist.

14. Begründe die Symmetrieeigenschaften regulärer Vielecke!

15. Zeichne in einem Kreis ($r = 6$ cm) mit Hilfe des Mittelpunktswinkels ein regelmäßiges Neuneck!

16. Zeichne in ein regelmäßiges Fünfeck ($r = 6$ cm) die Diagonalen farbig ein![1]

17. Jemand behauptet, daß sich einem regelmäßigen Vieleck immer ein Kreis umschreiben läßt. Beweise diese Behauptung!
Achtung! Diesen Beweis hast du vielleicht in einer vorhergehenden Aufgabe (mit anderer Fragestellung) schon durchgeführt.
Welche Aufgabe war dies?

18. Wieso ist mit der Beweisführung in Aufgabe 17 auch schon bewiesen, daß sich jedem regelmäßigen Vieleck immer ein Kreis einbeschreiben läßt?

19. Wie viele Symmetrieachsen besitzt das reguläre 12-Eck?

20. Gib die Anzahl der Symmetrieachsen eines regulären n-Ecks an!

21. Berechne die Summe der Außenwinkel α'_n eines regulären 6-Ecks!
(Vgl. nebenstehende Skizze!)

22. Zeige, daß die Summe der Außenwinkel eines regulären n-Ecks stets 360° beträgt.

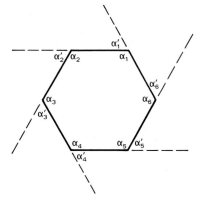

---

[1] Die entstehende Figur heißt *Sternfünfeck* oder *Pentagramm*. Im Altertum war dieses Pentagramm das Geheimzeichen des Pythagoreischen Bundes. Die Figur wird auch als *Drudenfuß* bezeichnet, da sie im Mittelalter den Zauberern als heiliges Zeichen diente, das die bösen Geister bannte.

Flächenmessung bei Dreiecken und Vierecken

Der Flächeninhalt von Parallelogramm und Dreieck

Eigenschaften des Flächeninhalts von Figuren:

a) Kongruente Figuren besitzen denselben Flächeninhalt.

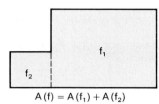

$$A(f) = A(f_1) + A(f_2)$$

b) Zerlegt man eine Figur in Teilfiguren, dann ist die Summe der Flächeninhalte der Teilfiguren gleich dem Flächeninhalt der Gesamtfigur.
Zwei Figuren, die sich in gleich viele paarweise kongruente Teilfiguren zerlegen lassen, sind flächengleich.

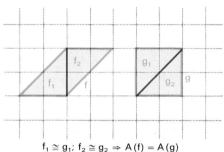

$$f_1 \cong g_1;\ f_2 \cong g_2 \Rightarrow A(f) = A(g)$$

Flächeneinheiten sind der Quadratmeter m^2 und die davon abgeleiteten Einheiten des Dezimalsystems. Die Umrechnungszahl für benachbarte Flächeneinheiten ist 100.

Für den Flächeninhalt eines Quadrats mit der Seitenlänge a gilt:

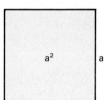

$$A_\square = a^2$$

Für den Flächeninhalt eines Rechtecks mit den Seitenlängen a und b gilt:

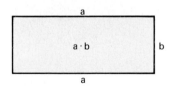

$$A_\square = a \cdot b$$

Für den Flächeninhalt eines Parallelogramms mit der Grundseitenlänge g_1 und der zugehörigen Höhe h_1 bzw. g_2 und h_2 gilt:[1]

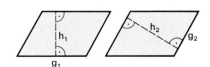

$$A_\square = g_1 \cdot h_1 \quad \text{bzw.} \quad A_\square = g_2 \cdot h_2$$

[1] Seite 127: Wie beweist man die Flächenformel für das Parallelogramm?

Für den Flächeninhalt eines Dreiecks mit den Seitenlängen a, b, c und den zugehörigen Höhen h_a, h_b, h_c gilt:[1]

$$A_\triangle = \tfrac{1}{2}\, a \cdot h_a \quad \text{oder} \quad A_\triangle = \tfrac{1}{2}\, b \cdot h_b$$
$$\text{oder} \quad A_\triangle = \tfrac{1}{2}\, c \cdot h_c$$

kurz:

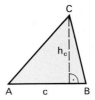

$$A_\triangle = \tfrac{1}{2}\, g \cdot h$$

wenn g eine der drei Seitenlängen und h die *zugehörige* Höhe ist.

Beispiele

1. Ein Rechteck habe die Seitenlängen a = 3,5 cm und b = $2\tfrac{1}{5}$ cm. Berechne den Flächeninhalt des Rechtecks in einer kommafreien Maßzahl!

1. Lösung:

a) Umwandlung der gegebenen Seitenlängen in kommafreie Längeneinheiten:

a = 3,5 cm = 35 mm;
b = $2\tfrac{1}{5}$ cm = 2,2 cm = 22 mm

b) Flächenformel für das Rechteck:
A = (22 · 35) mm² = <u>770 mm²</u>

> *Flächeneinheiten:*
> 1 mm²
> 1 cm² = 100 mm²
> 1 dm² = 100 cm²
> 1 m² = 100 dm²
> 1 a = 100 m² (a = Ar)
> 1 ha = 100 a (ha = Hektar)
> 1 km² = 100 ha

2. Lösung:

a) Flächenformel für das Rechteck: A = (3,5 · $2\tfrac{1}{5}$) cm² = 7,7 cm²

b) Umwandlung von cm² in mm²: A = 7,7 cm² = (7,7 · 100) mm² = <u>770 mm²</u>

2. Zeichne Parallelogramme verschiedener Form, die zu einem vorgegebenen Parallelogramm ABCD flächengleich sind!

Lösung:

a) Alle Parallelogramme ABC_nD_n sind zum Parallelogramm ABCD flächengleich, da sie in der Grundlinie [AB] und der zugehörigen Höhe übereinstimmen.

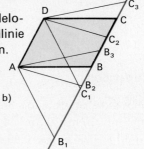

b)

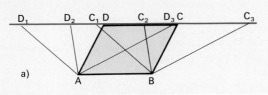

a)

[1] Seite 128: Wie beweist man die Flächenformel für das Dreieck?

b) Alle Parallelogramme AB_nC_nD sind zum Parallelogramm ABCD flächengleich, da sie in der Grundlinie [AD] und der zugehörigen Höhe übereinstimmen.

c) Jedes Parallelogramm ABC_nD_n aus Figur a) ist zu jedem Parallelogramm
AB_nC_nD aus Figur b) flächengleich.

3. Ein Rechteck mit der Diagonalenlänge von 5 cm hat einen Flächeninhalt von
12 cm².
Berechne den Abstand einer Ecke des Rechtecks von der Diagonalen.

Lösung:

$A_\square = 12\ cm^2 \Rightarrow A_{\triangle ABC} = 6\ cm^2.$

h ist der Abstand der Ecke B von der
Diagonalen. Somit gilt:

$6\ cm^2 = \frac{1}{2} \cdot 5\ cm \cdot h \Rightarrow \underline{h = 2,4\ cm.}$

4. Konstruiere ein rechtwinkliges Dreieck mit der Hypotenusenlänge 5 cm und
dem Inhalt 4 cm²!

Plan:

1. Berechnung von h:
$\frac{1}{2} \cdot 5\ cm \cdot h = 4\ cm^2 \Rightarrow h = 1,6\ cm.$

2. A und B durch $\overline{AB} = 5\ cm$ gegeben.

3. C liegt 1. auf dem Thaleskreis über
[AB] und 2. auf der Parallelen zu [AB]
im Abstand h.

Konstruktion:

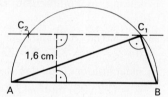

5. Verwandle ein gegebenes Viereck in ein flächengleiches Dreieck!

Lösung:

Das Viereck ABCD ist flächengleich zum
Dreieck ABD', da die beiden Teildreiecke
ACD und ACD' flächengleich sind.

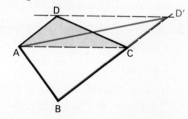

Aufgaben

1. Verwandle jeweils in die nächstkleinere Flächeneinheit:

a) 5 m²; 2,7 m²; 0,3 m²; 6,09 m²; $12\frac{1}{8}$ m²; 0,062 m²

b) 3,1 a; 0,04 a; $\frac{4}{5}$ a; 0,99 a; 1,11 a; $\frac{1}{3}$ a

c) 17 cm²; $3\frac{3}{4}$ cm²; 0,007 cm²; 10^5 cm²; 7,36 cm²; $\frac{1}{2}$ cm²

d) 0,0036 km²; 12 km²; $\frac{1}{7}$ km²; $\frac{7}{10}$ km²; $\frac{13}{100}$ km²; $\frac{9}{50}$ km²

2. Verwandle jeweils in die nächsthöhere Flächeneinheit:

    a) $2317\,mm^2$; $999\,mm^2$; $57,8\,mm^2$; $760\,mm^2$; $38\,mm^2$; $3\,mm^2$

    b) $110\,ha$; $1100\,ha$; $3007\,ha$; $9090\,ha$; $7\,ha$; $0,5\,ha$

    c) $17\frac{1}{2}\,dm^2$; $601\,dm^2$; $12,09\,dm^2$; $12,9\,dm^2$; $3716\,dm^2$; $0,9\,dm^2$

    d) $88\,a$; $325,6\,a$; $126\frac{1}{2}\,a$; $99\frac{1}{9}\,a$; $101,1\,a$; $500\,a$

3. Verwandle in die angegebene Einheit:

    a) $5000\,mm^2$ in dm^2 b) $2700\,m^2$ in ha

    c) $36\,mm^2$ in dm^2 d) $50\,cm^2$ in m^2

    e) $0,0036\,km^2$ in a f) $0,0705\,m^2$ in cm^2

    g) $5\,m^2\,85\,dm^2$ in dm^2 h) $3\,a\,30\,m^2$ in dm^2

    i) $3,7\,dm^2\,20\,cm^2$ in cm^2 j) $50\,dm^2\,50\,mm^2$ in cm^2

    k) $8\,ha\,7\,a\,6\,m^2$ in m^2 l) $6\,m^2\,5\,dm^2\,1\,cm^2$ in dm^2

4. Berechne und gib das Ergebnis in der angegebenen Einheit an!

    a) $17\,m^2 \cdot 6 = ?\,a$ b) $1,25\,a \cdot 8 = ?\,ha$

    c) $0,01\,cm^2 \cdot 500 = ?\,mm^2$ d) $35\,mm^2 \cdot 35 = ?\,cm^2$

    e) $3\,m^2\,15\,dm^2 \cdot 12 = ?\,m^2$ f) $0,8\,a\,8\,m^2 \cdot 700 = ?\,ha$

    g) $144\,cm^2 : 12 = ?\,dm^2$ h) $23,8\,a : 0,2 = ?\,ha$

    i) $3\,ha\,7\,a\,6\,m^2 : 100 = ?\,m^2$ j) $5\,m^2\,4\,cm^2 : 100 = ?\,mm^2$

5. Wandle um:

	km^2	ha	a	m^2	dm^2	cm^2	mm^2
a)				5			
b)							$1,4 \cdot 10^8$
c)	0,0003						
d)		0,08					
e)			2				
f)					820		
g)						70500	

·6. Berechne die fehlenden Maße eines Rechtecks!
    (u: Umfang des Rechtecks)

	a	b	A	u
a)	$5,2\,cm$	$30\,mm$		
b)	$12\,cm$		$48\,cm^2$	
c)	$3\,dm$			$1\,m$
d)		$3\,cm$	$15\,cm^2$	
e)	$a = b$			$120\,m$
f)	$2,5\,dm$		$625\,cm^2$	

7. *Wohnflächen*

Michael wohnt mit seinen Eltern in einem schönen Haus.
Berechne die Fläche
a) von Michaels Zimmer,
b) des Wohnzimmers,
c) der Garage!

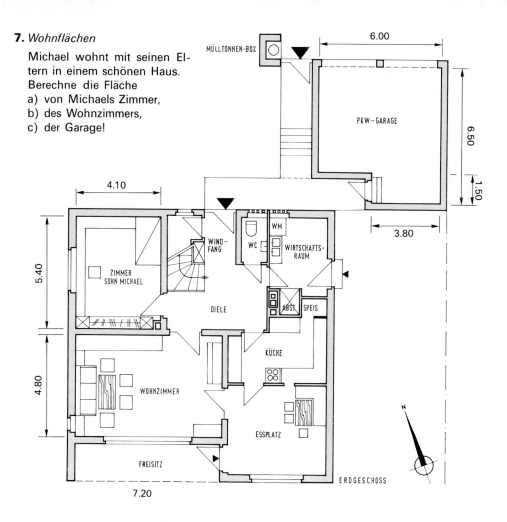

8. *„Fleckerlteppich"*

Peters Zimmer hat eine Grundfläche von 4 m × 5 m.

a) Begründe, warum Michaels Zimmer mit folgenden drei Teppichen nicht vollständig ausgelegt werden kann:
Teppich 1: 2 m × 2 m,
Teppich 2: 2 m × 3 m,
Teppich 3: 2 m × 4 m.

b) Peter steht ein vierter Teppich mit 1 m × 2 m zur Verfügung.
Zeichne Möglichkeiten, die vier Teppiche in Peters Zimmer auszulegen!

9. Das Wohnzimmer von Peters Eltern mißt 6 m × 8 m.
Entwirf einen Plan, um das Zimmer mit folgenden Teppichen auszulegen:
1 m × 2 m; 2 m × 2 m; 2 m × 3 m; 3 m × 3 m; 3 m × 4 m; 3 m × 5 m!

10. *Meterware*

Evas Zimmer hat eine Grundfläche von 3,80 m × 4,50 m. Es soll mit einem Teppichboden ausgelegt werden.

Es stehen zwei Bodenbeläge zur Wahl:

a) Sorte A wird in einer Breite von 1,20 m geliefert. Der laufende Meter kostet 45,— DM. Das Material ist gemustert und kann deshalb nur in Bahnen verlegt werden.

b) Sorte B wird ebenfalls in der Breite von 1,20 m geliefert. Der laufende Meter kostet hiervon 48,— DM. Dafür kann diese Ware beliebig verlegt werden, da sie keine Musterung und keine erkennbare Faserung aufweist.

Mit welchen Materialkosten müssen Evas Eltern – unter der Voraussetzung, daß kein unnötiger Verschnitt auftritt – bei Sorte A, mit welchen bei Sorte B rechnen. Für welche Ware werden sie sich deshalb wohl entscheiden?

11. a) Ein Quadrat besitze den Flächeninhalt 25 cm² (0,04 m²; 6,25 cm²). Berechne den Umfang des Quadrats!

b) Ein Quadrat besitze den Umfang u LE. Berechne den Flächeninhalt des Quadrats!

c) Ein Rechteck, bei dem die Länge doppelt so groß ist wie die Breite, besitzt den Flächeninhalt 98 cm². Berechne den Umfang des Rechtecks!

•12. Vergrößert man die Seitenlänge eines Quadrats um 1,4 cm, so wird der Flächeninhalt um 10,36 cm² größer. Wie lang ist die ursprüngliche Quadratseite?

13. Begründe, ob folgende Sätze wahr oder falsch sind:

a) Flächengleiche Rechtecke haben gleichen Umfang.

b) Rechtecke mit gleichem Umfang sind flächengleich.

c) Quadrate sind genau dann flächengleich, wenn sie gleichen Umfang haben.

°14. Bei zwei sich überlagernden Flächen f_1 und f_2 gilt:
$$A(f_2 \cup f_1) = A(f_1) + A(f_2) - A(f_1 \cap f_2).$$
Begründe dies an einem Beispiel!

Aufgaben 15–20: Berechne jeweils den Flächeninhalt der gezeichneten Figur!

15.

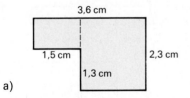
a)

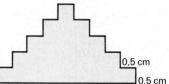
b)

16.

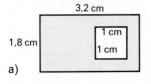
a)

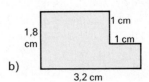
b)

17. *Ein schlaues Köpfchen!*

Michaels kleiner Brunder ist erst in der 5. Klasse. Obwohl er in der Geometrie noch nichts von „Trapezen" gehört hat und nur Rechtecke und deren Flächeninhalt kennengelernt hat, konnte er Michaels Schulaufgabe sofort lösen!

Michaels Schulaufgabenfrage lautete:

Wie groß ist die Summe der Flächeninhalte der vier gezeichneten Trapeze?

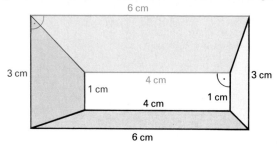

18. a)

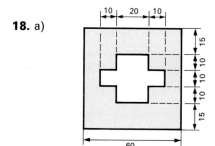

b)

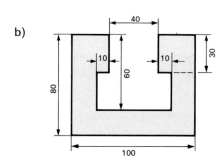

19. a)

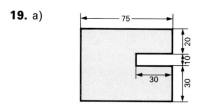

b)

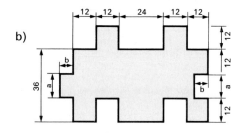

20. a)

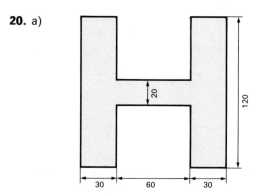

b)

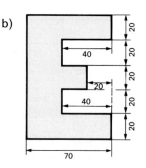

21. Der Flächeninhalt eines Parallelogramms betrage 50 cm². Berechne die Länge g der Grundseite
 a) wenn die Höhe 8 cm beträgt,
 b) wenn die Höhe halb so lang ist wie die Grundseite.

˙22. Berechne die fehlenden Maße eines Parallelogramms!

	g	h	A
a)	12 cm		96 cm²
b)		9 cm	2,7 dm²
c)	1,2 cm	1,2 cm	
d)	1 m	12 m	
e)	g = h		6,25 m²

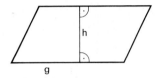

˙23. Berechne die fehlenden Maße eines Parallelogramms!

	g_1	g_2	h_1	h_2	A
a)	10 cm	5 cm	4 cm		
b)	9 cm		4 cm	8 cm	
c)	4 cm	2 cm			4 cm²
d)	1 dm	2 dm		0,6 dm	
e)		8 cm	7 cm		28 cm²
f)			6 dm	4 dm	48 dm²

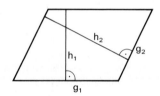

24. Begründe, warum es mit den Bezeichnungen von Aufgabe 23 kein Parallelogramm mit folgenden Maßen geben kann: $g_1 = 9$ m; $g_2 = 2$ m; A = 27 m²!

25. Ein Parallelogramm habe die Seitenlängen a = 4,2 cm und b = 3 cm. Berechne den größtmöglichen Flächeninhalt dieses Parallelogramms!

26. Zeichne zu einem vorgegebenen Rechteck vier flächengleiche Parallelogramme, die jeweils eine Rechteckseite und eine Rechteckdiagonale als Seiten haben!

27. Zerlege ein gegebenes Parallelogramm durch Einzeichnen einer Geraden auf zwei verschiedenen Arten in zwei flächengleiche Parallelogramme!

28. Beweise: Jede Gerade durch den Diagonalenschnittpunkt eines Parallelogramms zerlegt dieses in zwei flächengleiche Teilfiguren!

79

29. Zeichne ein Parallelogramm ABCD mit a = 4 cm; e = 6 cm und | ⊰ (a; e)| = 30°.
Zerlege das Parallelogramm ABCD auf zwei verschiedene Arten in jeweils sechs flächengleiche kleine Parallelogramme!

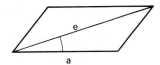

30. Begründe, daß in dem Parallelogramm ABCD die Teilparallelogramme EFDG und HBKE bei beliebiger Lage von E auf der Diagonalen [AC] flächengleich sind.
(Anleitung: Vergleiche jeweils die Dreieckspaare △ACD und △ABC; △AEG und △AHE; △ECF und △EKC!)

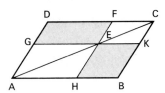

'31. Vergleiche im Parallelogramm ABCD

a) den Flächeninhalt des Dreiecks ABP mit demjenigen des Dreiecks ATD!

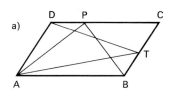

b) den Flächeninhalt des Dreiecks ABM mit dem Flächeninhalt des Parallelogramms!

c) den Flächeninhalt des Dreiecks DCM_2 mit dem Flächeninhalt des Vierecks ABM_2D!
(M₂: Mittelpunkt von [BC])

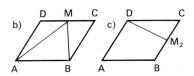

d) den Flächeninhalt des Dreiecks DCM_2 mit dem Flächeninhalt des Dreiecks BCM_1!
(M_1 und M_2: Mittelpunkte der jeweiligen Parallelogrammseiten)

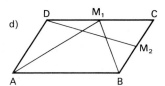

32. Zeichne zum Dreieck ABC mit a = 2 cm; b = 4 cm; c = 5 cm
a) ein flächengleiches rechtwinkliges Dreieck mit [AB] als Hypotenuse,
b) ein flächengleiches gleichschenkliges Dreieck mit der Basis [AB].

'33. Berechne die fehlenden Maße im Dreieck ABC!

	a	b	c	h_a	h_b	h_c	A
a)	4 cm			6 cm			
b)						6 cm	27 cm²
c)		4 cm	5 cm			3 cm	
d)			8 cm		3 cm		12 cm²
e)				20 cm	15 cm		72 cm²
f)	6 cm	4 cm			6 cm		

34. Die Seitenlängen eines Dreiecks mit dem Flächeninhalt 6 cm² betragen 3 cm; 4 cm und 5 cm.

a) Berechne die drei Höhen des Dreiecks!

b) Was folgt aus dem Ergebnis von a) für die Form des Dreiecks?

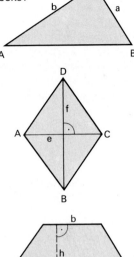

˙35. Beweise, daß für den Flächeninhalt eines rechtwinkligen Dreiecks mit den Kathetenlängen a und b die folgende Formel gilt:

$A = \frac{1}{2} \cdot a \cdot b$!

˙36. Beweise, daß für den Flächeninhalt einer *Raute* folgende Formel gilt:

$A_{Raute} = \frac{1}{2} \cdot e \cdot f$!

˙37. Beweise, daß für den Flächeninhalt eines *Trapezes* mit den Grundseitenlängen a und b und der Höhe h folgende Formel gilt:

$A_{Trapez} = \frac{a+b}{2} \cdot h$!

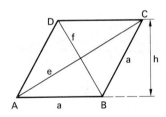

˙38. Berechne die fehlenden Maße in der Raute ABCD!

	a	e	f	h	A
a)		7 cm	6 cm		
b)			5 cm		20 cm²
c)	25 cm				1 dm²
d)		e = f			12,5 cm
e)		e = f		3 cm	
f)	10 m	16 m			96 m²

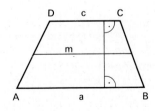

˙39. Berechne die fehlenden Maße im Trapez ABCD!

	a	c	m	h	A
a)	7 cm	5 cm		3 cm	
b)	8,2 cm		5,5 cm		22 cm²
c)			8 dm	1,2 m	
d)		65 m		90 m	72 a

81

40. a) Der Inhalt eines Trapezes betrage 1 dm², die Höhe messe 8 cm. Wie lang sind die Grundseiten, wenn die eine um 15 cm länger ist als die andere?

   b) Wie lang ist die zweite Grundseite eines Trapezes, dessen eine Grundseitenlänge 4 cm beträgt, dessen Höhe 3 cm beträgt und das einem rechtwinkligen Dreieck mit den Kathetenlängen $a = 5$ cm und $b = 6$ cm flächengleich ist?

41. In einem Koordinatensystem ist das Fünfeck ABCDE durch $A(1; 2)$, $B(3; 1)$, $C(5; 2)$, $D(4; 3)$, $E(2; 3)$ gegeben.
Berechne den Flächeninhalt des Fünfecks durch eine geeignete Zerlegung!

42. In einem Koordinatensystem ist ein Siebeneck durch die Punkte $A_1(4; -4)$, $A_2(6; 2)$, $A_3(6; 6)$, $A_4(2; 6)$, $A_5(-1; 2)$, $A_6(-3; -4)$, $A_7(0; -8)$ gegeben.
Berechne den Flächeninhalt des Siebenecks durch eine geeignete Zerlegung!

43. Konstruiere ein gleichschenkliges Dreieck mit der Basislänge 6 cm und dem Inhalt 3 cm²!

44. Konstruiere ein gleichschenkliges Dreieck mit der Schenkellänge 6 cm und dem Inhalt 3 cm²! Wie viele Lösungen gibt es?

45. Gegeben ist das Dreieck ABC mit $c = 6$ cm; $a = 2$ cm; $\beta = 90°$.
Verwandle dieses Dreieck unter Beibehaltung von [AB] jeweils in ein flächengleiches, in dem

   a) $\alpha = 90°$,   b) $\gamma = 90°$,   c) $\gamma = 30°$!

46. Verwandle das Dreieck ABC aus Aufgabe 45

   a) in ein gleichschenkliges Dreieck mit [AB] als Basis,

   b) in ein gleichschenkliges Dreieck mit [AB] als einem Schenkel!

47. Verwandle ein Quadrat mit der Seitenlänge $a = 2$ cm in ein flächengleiches Dreieck!

48. Kann man ein Quadrat mit der Seitenlänge 2 cm in eine flächengleiche Raute mit derselben Seitenlänge von 2 cm verwandeln? Begründung!

49. In einem Koordinatensystem ist das Fünfeck ABCDE durch $A(-2; 2)$; $B(2; 0)$; $C(4; 2)$; $D(3; 4)$; $E(0; 5)$ gegeben.
Verwandle das Fünfeck ABCDE unter Beibehaltung der Seite [AB] und des Winkels β in ein flächengleiches Dreieck! Lies die Koordinaten der dritten Ecke dieses Dreiecks mm-genau ab!

50. Berechne folgende Flächen:

a)

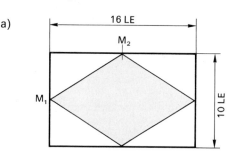

b)

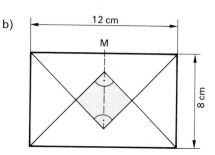

51. Berechne folgende Flächen:

a)
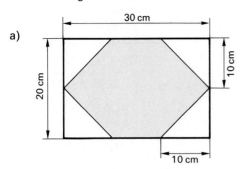

b)
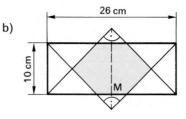

52. Berechne den Flächeninhalt des Parallelogramms ABCD!

a)
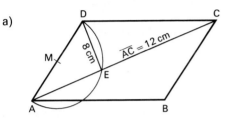

b)
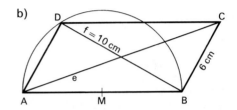

53. Berechne folgende Flächen:

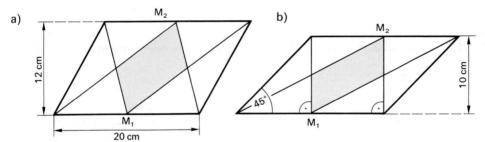

a)

b)

54. Berechne folgende Flächen:

a)
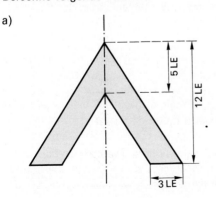

b)
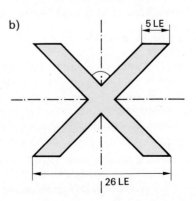

83

55. Berechne folgende Flächen:

a)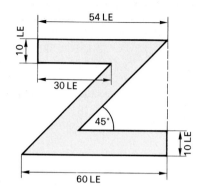

b)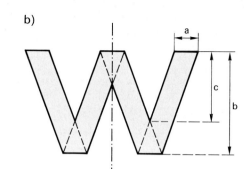

•56. Aus der Schulaufgabensammlung

a) Gruppe A
Ein Dreieck mit der Seite $a = 8$ cm ist einem Quadrat vom Umfang 44 cm flächen-gleich. Berechne die Dreieckshöhe h_a!
Gruppe B
Ein Dreieck mit der Seite $b = 8$ cm ist einem Quadrat vom Umfang 52 cm flächen-gleich. Berechne die Dreieckshöhe h_b!

b) Gruppe A
Von einer Raute sei gegeben: $e = 6$ cm, $f = 8$ cm und der Inkreisradius mit 2,4 cm. Berechne den Flächeninhalt und den Umfang der Raute!
Gruppe B
Von einer Raute sei gegeben: $f = 6$ cm, der Inkreisradius 2,4 cm und der Flächeninhalt 24 cm². Berechne den Umfang der Raute und die Länge der Diagonalen e!

c) Gruppe A
Der Umfang eines Parallelogramms mit dem Flächeninhalt 37,96 cm² beträgt 39,2 cm. Eine Höhe hat die Länge 5,2 cm. Berechne die Seitenlängen des Parallelo-gramms!
Gruppe B
Der Umfang eines Parallelogramms mit dem Flächeninhalt 30,16 cm² beträgt 45,8 cm. Eine Höhe hat die Länge 5,2 cm. Berechne die Seitenlängen des Parallelo-gramms!

d) Gruppe A
Zeige: Verbindet man einen beliebigen, im Inneren des Rechtecks ABCD liegenden Punktes S mit den Eckpunkten, so gilt: $A_{\triangle ABS} + A_{\triangle CDS} = A_{\triangle BCS} + A_{\triangle DAS}$!
Gruppe B
Zeige: Verbindet man einen beliebigen, im Inneren der Raute PQRS liegenden Punkt A mit den Eckpunkten, so gilt: $A_{\triangle PQA} + A_{\triangle RSA} = A_{\triangle QRA} + A_{\triangle SPA}$!

e) Gruppe A
Von den Diagonalen einer Raute ist eine um 7 cm größer als die andere. Die Fläche ändert sich nicht, wenn man die kleinere Diagonale um 1 cm vergrößert, die größere um 3 cm verkleinert. Wie groß ist die Fläche der Raute?

84

Gruppe B
Von den Diagonalen einer Raute ist die eine um 5 cm kleiner als die andere. Die Fläche ändert sich nicht, wenn man die kleinere Diagonale um 2 cm verkürzt und die größere um 4 cm verlängert. Wie groß ist die Fläche der Raute?

f) **Gruppe A**
Die Fläche eines Trapezes ist um 40 m² kleiner als die Fläche eines Rechtecks, das über der größeren Grundlinie steht und die gleiche Höhe hat. Wie groß sind die parallelen Seiten des Trapezes, wenn die eine um 17 m, die andere um 7 m länger ist als die Höhe? Wie lang ist die Grundlinie eines Dreiecks, das dem Trapez flächen- und höhengleich ist?

Gruppe B
Ein Rechteck hat mit einem Trapez die größere Grundlinie und die Höhe gemeinsam. Seine Fläche ist um 90 m² größer als die Fläche des Trapezes. Wie groß sind die Grundlinien des Trapezes, wenn die eine um 6 m, die andere um 26 m länger als die Höhe ist? Wie lang ist die Grundlinie eines Dreiecks, das dem Trapez flächen- und höhengleich ist?

g) **Gruppe A**
Gegeben ist das Dreieck ABC mit den Seitenlängen $a = 6$ cm, $b = 5,4$ cm, $c = 6,8$ cm. Konstruiere ein flächengleiches Dreieck mit $b' = 7,5$ cm und $\alpha' = 80°$!

Gruppe B
Gegeben ist ein Dreieck ABC mit den Seitenlängen $a = 6,3$ cm; $b = 7$ cm; $c = 6,8$ cm. Konstruiere ein flächengleiches Dreieck mit $a' = 7,9$ cm und $\beta' = 75°$!

h) **Gruppe A**
Verwandle das Dreieck ABC mit $a = 8$ cm, $b = 3$ cm und $c = 7$ cm in ein flächengleiches rechtwinkliges Dreieck mit der Hypotenuse [AB]. Verwandle das neuentstandene rechtwinklige Dreieck ABC' anschließend in ein flächengleiches Rechteck mit der Seite [BC']!

Gruppe B
Verwandle das Dreieck ABC mit $a = 4$ cm, $b = 6$ cm und $c = 8$ cm in ein flächengleiches rechtwinkliges Dreieck mit der Hypotenuse [AB]. Verwandle das neuentstandene rechtwinklige Dreieck ABC' anschließend in ein flächengleiches Rechteck mit der Seite [AC']!

i) **Gruppe A**
Länge und Breite eines Rechtecks ergeben zusammen 21 cm. Wenn man eine Seite um 5 cm vergrößert und gleichzeitig die andere um 3 cm verkleinert, wächst der Flächeninhalt um 26 cm². Berechne die Seiten des ursprünglichen Rechtecks!

Gruppe B
Länge und Breite eines Rechtecks ergeben zusammen 23 cm. Wenn man eine Seite um 3 cm vergrößert und gleichzeitig die andere um 5 cm verkleinert, nimmt der Flächeninhalt um 18 cm² ab. Berechne die Seiten des ursprünglichen Rechtecks!

j) **Gruppe A**
Die eine Seite eines Rechtecks ist um 5 cm größer als die andere. Die Fläche ist um 64 cm² kleiner als die Fläche eines Quadrats, dessen Seite um 4 cm größer als die kleinere Rechtecksseite ist. Berechne die Seiten des Rechtecks!

Gruppe B
Die eine Seite eines Rechtecks ist um 4 cm kleiner als die andere. Die Fläche ist um 27 cm² größer als die Fläche eines Quadrats, dessen Seite um 3 cm kleiner als die größere Rechtecksseite ist. Berechne die Seiten des Rechtecks!

k) Gruppe A

Ein Parallelogramm hat den Flächeninhalt $72\,cm^2$ und die Höhe $h_a = 4{,}8\,cm$. Der Umfang des Parallelogramms beträgt 62 cm. Berechne die Seiten a und b und die Höhe h_b!

Gruppe B

Ein Parallelogramm hat den Flächeninhalt $84\,cm^2$ und die Grundseitenlänge $a = 10{,}5\,cm$. Der Umfang des Parallelogramms beträgt 69 cm. Berechne h_a, die Seitenlänge b und die Höhe h_b!

l) Gruppe A

Vergleiche den Flächeninhalt des Dreiecks MPS mit dem Flächeninhalt des Dreiecks BCQ im gezeichneten Parallelogramm ABCD!

(M sei Mittelpunkt von [AB]; S der Schnittpunkt der Diagonalen; P und Q seien beliebige Punkte auf den Parallelogrammseiten [BC] bzw. [AD].)

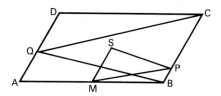

Gruppe B

ABCD sei ein Parallelogramm mit dem Diagonalenschnittpunkt S. M sei der Mittelpunkt der Seite [AD]. P und Q sind beliebige Punkte auf den Parallelogrammseiten [DC] bzw. [BC].

Vergleiche die Flächeninhalte der beiden Dreiecke MPS und ADQ!

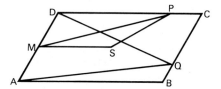

m) Gruppe A

Vergleiche die Flächeninhalte der Teildreiecke I bis IV mit dem Inhalt des Parallelogramms ABCD, wenn gilt: $\overline{BE} = 2 \cdot \overline{CE}$ und $\overline{AF} = 2 \cdot \overline{FE}$!

Gruppe B

Im Parallelogramm ABCD sei M Mittelpunkt der Seite [AD] und der Punkt E teile die Strecke [MC] im Verhältnis 2:1.

Vergleiche die Flächeninhalte der Teildreiecke I bis IV!

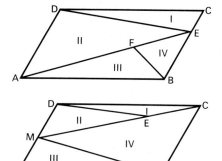

Punkte – Geraden – Ebenen im Raum[1]

Festlegung von Ebenen im Raum:

a) Drei nicht auf einer Geraden liegende Punkte A, B, C bestimmen genau eine Ebene $\mathbb{E}_{A,B,C}$.

b) Eine Gerade g und ein Punkt P, der nicht zu g gehört, bestimmen genau eine Ebene $\mathbb{E}_{g,P}$.

c) Zwei sich schneidende Gerade g und h bestimmen genau eine Ebene $\mathbb{E}_{g,h}$.

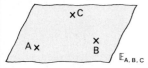 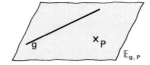 

Lagebeziehungen im Raum:

Zwei *Geraden* im Raum können

a) *sich schneiden*
   (d.h. genau einen Punkt gemeinsam haben),

b) *parallel* sein
   (d.h. keinen Punkt gemeinsam haben oder zusammenfallen),

c) *windschief* sein
   (d.h. nicht parallel sein und sich nicht schneiden)[2].

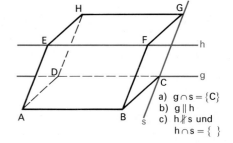

a) $g \cap s = \{C\}$
b) $g \parallel h$
c) $h \not\parallel s$ und $h \cap s = \{\ \}$

Zwei *Ebenen* im Raum können

a) *sich schneiden*
   (d.h. genau eine Gerade gemeinsam haben),

b) *parallel* sein
   (d.h. keinen Punkt gemeinsam haben oder zusammenfallen).

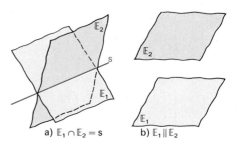

a) $\mathbb{E}_1 \cap \mathbb{E}_2 = s$ b) $\mathbb{E}_1 \parallel \mathbb{E}_2$

[1] Seite 129: Wie begründet man raumgeometrische Aussagen?
[2] Zur Unterscheidung von *parallel* und *windschief*: s. auch Aufgabe 16.

Eine *Gerade* im Raum und eine *Ebene* können

a) *sich schneiden*
(d.h. genau einen Punkt gemeinsam haben),

b) *parallel* sein
(d.h. keinen Punkt gemeinsam haben oder zusammenfallen).

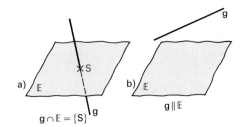

a) $g \cap \mathbb{E} = \{S\}$

b) $g \parallel \mathbb{E}$

Für parallele Geraden bzw. Ebenen gilt:

a) Sind zwei Ebenen $\mathbb{E}_1$ und $\mathbb{E}_2$ parallel, so ist jede Gerade von $\mathbb{E}_1$ zur Ebene $\mathbb{E}_2$ parallel.

b) Werden zwei parallele Ebenen von einer dritten Ebenen geschnitten, so sind die beiden Schnittgeraden zueinander parallel.

c) Ist eine Gerade g zu einer Ebene $\mathbb{E}$ parallel, so sind unendlich viele Geraden von $\mathbb{E}$ zu g parallel.

d) Eine Ebene $\mathbb{E}_2$ ist bereits dann zu einer Ebene $\mathbb{E}_1$ parallel, wenn sie zu zwei sich schneidenden Geraden von $\mathbb{E}_1$ parallel ist.

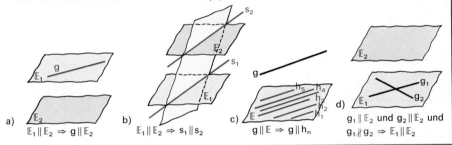

a) $\mathbb{E}_1 \parallel \mathbb{E}_2 \Rightarrow g \parallel \mathbb{E}_2$

b) $\mathbb{E}_1 \parallel \mathbb{E}_2 \Rightarrow s_1 \parallel s_2$

c) $g \parallel \mathbb{E} \Rightarrow g \parallel h_n$

d) $g_1 \parallel \mathbb{E}_2$ und $g_2 \parallel \mathbb{E}_2$ und $g_1 \nparallel g_2 \Rightarrow \mathbb{E}_1 \parallel \mathbb{E}_2$

Lote und Lotebenen:

a) Eine Gerade g des Raums heißt zu einer Ebene $\mathbb{E}$ des Raums *senkrecht* (*orthogonal* bzw. *Lot*), wenn g senkrecht zu irgend zwei sich schneidenden Geraden von $\mathbb{E}$ ist.
(Zeichen: $g \perp \mathbb{E}$)

b) Zwei Ebenen $\mathbb{E}_1$ und $\mathbb{E}_2$ heißen *senkrecht* (*Lotebenen*), wenn $\mathbb{E}_1$ eine Lotgerade zu $\mathbb{E}_2$ enthält.
(Zeichen: $\mathbb{E}_1 \perp \mathbb{E}_2$)

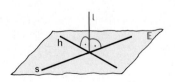

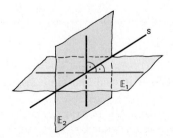

89

Für Lote bzw. Lotebenen gilt:

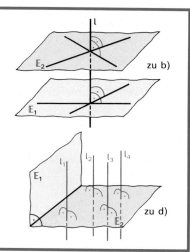

a) Jedes Lot zu einer Ebene steht senkrecht auf allen Geraden der Ebene.
b) Zwei Ebenen sind genau dann parallel,
wenn sie ein gemeinsames Lot besitzen.
c) Eine Ebene ist durch Vorgabe eines
beliebigen Punktes und einer Lotgera-
den eindeutig bestimmt.
d) Zwei Ebenen sind genau dann Lotebenen zu einander, wenn jedes Lot der
einen Ebene zur anderen Ebene parallel ist.

Unter einem *geraden n-seitigen Prisma* versteht man einen Körper mit kongruenten
und zueinander parallelen n-Ecken als Grundflächen, auf denen die Seitenkanten
senkrecht stehen.

gerade
Prismen:

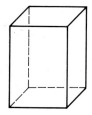 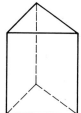 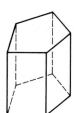

Für gerade Prismen gilt:

a) Alle Seitenflächen sind Rechtecke.
b) Alle Seitenkanten sind gleich lang. Ihre Länge heißt die *Höhe* h des Prismas.
c) Die *Oberfläche* des Prismas ergibt sich als Vereinigungsmenge der beiden
Grundflächen mit der *Mantelfläche*.
Für den Inhalt M der Mantelfläche eines geraden Prismas gilt: $M = u \cdot h$,
wobei u der Umfang einer Grundfläche ist.

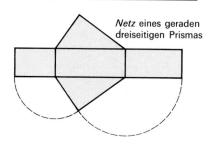

Netz eines geraden
dreiseitigen Prismas

Schneidet man ein gerades Prisma längs
geeigneter Kanten so auf, daß man die ge-
samte Oberfläche in eine Ebene ausbreiten
kann, so erhält man das *Netz* des Prismas.

Die Darstellung geometrischer Körper erfolgt oft im sogenannten *Schrägbildverfahren*. Für dieses gelten folgende Gesetzmäßigkeiten:

a) Parallele und gleich lange Strecken eines Körpers erscheinen im Schrägbild stets ebenfalls parallel und untereinander gleich lang, jedoch i.a. verkürzt.

b) Alle Strecken des Körpers, die zur Bildebene parallel sind, erscheinen im Schrägbild in wahrer Länge.

c) Der optische Eindruck, der durch ein Schrägbild vermittelt wird, hängt ab vom sogenannten „Verzerrungswinkel" ω und vom „Verkürzungsfaktor" q, um den alle Lotstrecken des Körpers zur Bildebene im Schrägbild verkürzt werden.

Oft wählt man ω = 30° oder ω = 45° für eine Sicht von „links – unten" bzw. ω = 210° oder ω = 225° für eine Sicht von „rechts – oben". Für q wählt man meist 0,5 oder 0,75.

Schrägbilder eines Würfels mit a = 5 cm, wobei die Seitenfläche ABEF parallel zur Bildebene liegt:

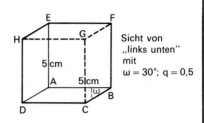

Sicht von „links unten" mit ω = 30°; q = 0,5

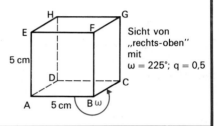

Sicht von „rechts-oben" mit ω = 225°; q = 0,5

(Die angegebenen Gesetzmäßigkeiten des Schrägbildverfahrens ergeben sich aus den Gesetzmäßigkeiten sogenannter *räumlicher Parallelprojektionen*; s. nächstes Kapitel.)

Beispiele

1. Gib für den gezeichneten Quader folgende Schnittmengen an:

a) $\mathbb{E}_{A,B,C} \cap \mathbb{E}_{D,H,G}$

b) $\mathbb{E}_{A,F,H} \cap \mathbb{E}_{E,G,H}$

c) $\mathbb{E}_{A,F,H} \cap \mathbb{E}_{A,B,E}$

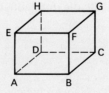

Lösungen: a) DC   b) HF   c) AF

2. Nenne für einen Quader jeweils zwei Paare

a) windschiefer Kanten,

b) sich schneidener Kanten,

c) paralleler Kanten,

d) paralleler Flächendiagonalen,

e) windschiefer Flächendiagonalen,

f) sich schneidender Flächendiagonalen,

g) paralleler Ebenen,

h) einer Ebene und einer dazu paralleler Kante,

i) sich schneidender Ebenen!

Lösungen:

a) k_1 und k_8; k_4 und k_6

b) k_1 und k_2; k_{10} und k_{11}

c) k_1 und k_3; k_6 und k_7

d) [AF] und [DG]; [ED] und [FC]

e) [AC] und [FH]; [AC] und [ED]

f) [DG] und [CH]; [BG] und [BD]

g) $\mathbb{E}_{A,B,C}$ und $\mathbb{E}_{k_9,H}$; $\mathbb{E}_{k_6,k_7}$ und $\mathbb{E}_{k_2,G}$

h) k_9 und $\mathbb{E}_{A,B,C}$; k_{10} und $\mathbb{E}_{A,B,C}$

i) $\mathbb{E}_{A,E,G}$ und $\mathbb{E}_{k_8,k_{12}}$; $\mathbb{E}_{k_1,k_{11}}$ und $\mathbb{E}_{k_4,k_{10}}$

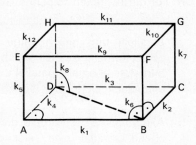

3. Nenne für einen Quader jeweils zwei Paare von

a) senkrechten Kanten,

b) einer Ebene und einer senkrechten Kante,

c) Lotebenen!

Lösungen:

a) k_1 und k_2; k_1 und k_7

b) k_1 und $\mathbb{E}_{B,C,G}$; k_6 und $\mathbb{E}_{A,B,C}$

c) $\mathbb{E}_{A,B,C}$ und $\mathbb{E}_{B,C,G}$; $\mathbb{E}_{A,B,C}$ und $\mathbb{E}_{A,B,F}$

4. Zeichne zwei verschiedene Netze desselben dreiseitigen Prismas mit den Grundkantenlängen $a = 3$ cm; $b = 4$ cm; $c = 5$ cm und der Höhe $h = 5$ cm!

Lösung: Siehe die gezeichneten Netze!

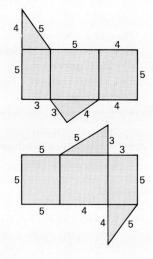

Aufgaben

1. *„Eignungstest für Modellschreiner"*

Peter will Modellschreiner werden. Deswegen übt er sich im Entwerfen von Stuhl- und Tischmodellen.

Er behauptet, seine Modelle stünden immer fest, sie könnten nicht wackeln!
Hat Peter recht?
Worauf muß Peter noch achten, um brauchbare Stühle und Tische zu erhalten?

°2. *Noch ein „Eignungstest"*
Erkläre, warum und wann ein Tisch mit vier Beinen wackeln kann!
Warum haben trotzdem viele Tischmodelle vier, und viele Drehstühle sogar fünf Beine?

3. a) Welches ist die „Eselsbrücke" für die Frage nach der Anzahl der Seitenflächen eines Würfels oder eines Quaders?

b) Erkläre folgende „Zählweise" für die 12 Kanten eines Quaders: $4 + 4 + 2 + 2$!

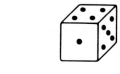

4. a) Kann ein Quader, der kein Würfel ist, Quadrate als Seitenflächen haben?

b) Kann ein Quader eine ungerade Anzahl von Quadraten als Seitenflächen haben?

°5. a) Wie viele verschiedene Ebenen lassen sich durch eine Gerade legen? („Ebenenbüschel")

b) In der ebenen Geometrie bildet die Menge aller Geraden, die einen festen Punkt enthalten, ein „Geraden*büschel*". In der Raumgeometrie kennt man dazu noch sogenannte „Geraden*bündel*". Was ist damit wohl gemeint?

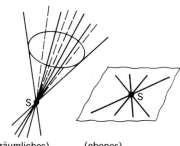

(räumliches)   (ebenes)
Geradenbündel   Geradenbüschel

6. Übersetze die Aussage der folgenden Zeichenschreibweise in einen grammatikalischen Satz:
$A \in \mathbb{E}; \ B \in \mathbb{E} \ \Rightarrow \ AB \subset \mathbb{E}$

a)

°7. a) Warum stellen die Mantelflächen von Zylindern und von Kegeln keine *ebenen* Punktmengen dar?

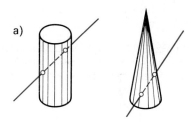

b) Auch eine Kugeloberfläche ist natürlich nicht „eben". Erkennst du Unterschiede zwischen einer Kugeloberfläche und den Mantelflächen von Zylindern und Kegeln im Hinblick auf die „Geradeneigenschaft" der Flächen?

b)

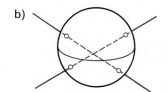

8. Ergänze:

a) $\mathbb{E}_{A,D,E} \cap \mathbb{E}_{k_6,A} = \Box$

b) $\mathbb{E}_{k_8,F} \cap \mathbb{E}_{G,H,E} = \Box$

c) $\mathbb{E}_{k_1,G} \cap \mathbb{E}_{B,C,D} = \Box$

d) $\mathbb{E}_{G,F,B} \cap \Box = k_2$

e) $\mathbb{E}_{k_4,k_5} \cap \Box = k_8$

f) $\mathbb{E}_{k_1,k_5} \cap \mathbb{E}_{k_7,H} = \Box$

g) $\mathbb{E}_{k_1,k_2} \cap \mathbb{E}_{k_2,k_6} \cap \mathbb{E}_{k_1,k_6} = \Box$

h) $\mathbb{E}_{k_3,k_8} \cap \mathbb{E}_{k_4,E} \cap \mathbb{E}_{F,G,H} = \Box$

i) $\mathbb{E}_{E,F,G} \cap \mathbb{E}_{k_1,H} \cap \mathbb{E}_{k_3,k_7} = \Box$

k) $\mathbb{E}_{k_1,k_5} \cap \mathbb{E}_{A,B,C} \cap \mathbb{E}_{k_3,k_8} = \Box$

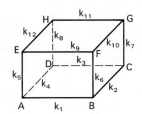

93

'9. Benenne folgende räumliche Punktmengen:

a) Die Menge aller Punkte, die von einer gegebenen Ebene gleichen Abstand haben.

b) Die Menge aller Punkte, die von einer gegebenen Geraden gleichen Abstand haben.

c) Die Menge aller Punkte, die von einem gegebenen Punkt gleichen Abstand haben.

d) Die Menge aller Punkte, die von zwei parallelen Ebenen gleichen Abstand haben.

e) Die Menge aller Punkte, die von zwei sich schneidenden Ebenen gleichen Abstand haben.

10. *Ein schiefes Ding*
Michael und Peter haben sich eine Hütte gebaut. Über Nacht hat sie ein Sturm arg zugerichtet! Beide finden ihre Hütte jetzt recht „windschief". Zu recht?

11. Stelle fest, ob die Parallel-Relation zwischen Geraden und Ebenen eine „transitive" Eigenschaft besitzt, d.h. ob gilt:
$g \parallel E_1$ und $g \parallel E_2 \Rightarrow E_1 \parallel E_2$!
Überlege anhand eines Quaders!

°12. Ebenen schneiden Körper wie Kegel, Kugel oder Zylinder in interessanten Kurven. Untersuche folgende Schnitte an geeigneten Modellen!

a) Ebene geschnitten mit einer Kugel

b) Ebene geschnitten mit einem Zylinder

c) Ebene geschnitten mit einem Kegel

(Empfehlenswerte Körpermodelle: Kugel $\hat{=}$ Apfel; Zylinder $\hat{=}$ Wurststück; Kegel $\hat{=}$ Eistüte)

Unterscheide in b) und c) verschiedene Lagen der Schnittebene zu den Körpern!
(Besonders die sich im Fall c) ergebenden Schnittkurven sind in der Mathematik von großem Interesse. Man nennt sie die sogenannten „Kegelschnitte".)

13. Nenne im Quader alle zu k_1 (k_2; k_5) windschiefen Kanten!

14. Nenne im Quader alle zur Flächendiagonalen [AF] ([AC]; [DG]) windschiefen Flächendiagonalen!

15. Nenne im Quader alle zur Flächendiagonalen [BG] ([FC]; [BD]) windschiefen Kanten!

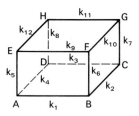

'16. Begründe: Zwei Geraden sind genau dann windschief, wenn sie in keiner gemeinsamen Ebene liegen!

17. A, B, C, D seien paarweise verschiedene Punkte. Die Geraden AB und CD seien windschief. Was kannst du dann aufgrund von Aufgabe 16 über die gegenseitige Lage der Geraden AC und BD sagen?

18. Beweise, daß im Quader die Flächendiagonale [AF] und die Raumdiagonale [EC] windschief sind!

'19. Beweise, daß sich die Raumdiagonalen im Quader schneiden!

'20. Stelle die Schnittmenge dreier verschiedener Ebenen fest! Welche Fälle sind möglich?

21. Begründe: Durch jeden Punkt $P \notin g$ gibt es genau eine Parallele zur Geraden g!

22. Welche der folgenden Aussagen sind wahr?
    a) Durch jeden Punkt $P \notin \mathbb{E}$ gibt es genau eine parallele Gerade zur Ebene $\mathbb{E}$.
    b) Durch jeden Punkt $P \notin \mathbb{E}$ gibt es genau eine parallele Ebene zur Ebene $\mathbb{E}$.
    c) $g \parallel \mathbb{E}_1$ und $h \parallel \mathbb{E}_1 \Rightarrow \mathbb{E}_1 \parallel \mathbb{E}_{g,h}$
    d) $\mathbb{E}_1 \parallel \mathbb{E}_2$ und $g \subset \mathbb{E}_1$ und $h \subset \mathbb{E}_2 \Rightarrow g \parallel h$
    e) $g \parallel \mathbb{E}$ und $h \subset \mathbb{E} \Rightarrow g \parallel h$

23. Begründe: g und h seien windschiefe Geraden. Dann gibt es genau eine Ebene durch g, die parallel zu h ist.

24. Wer hat recht?
Michael behauptet, die drei Eigenschaftswörter *senkrecht – lotrecht – vertikal* bedeuten das gleiche.
Michaela meint, nur zwei der Begriffe haben dieselbe Bedeutung. Wer hat recht?

25. Nenne im Quader alle zu k_1 (k_2; k_5) senkrechten Kanten!

26. Nenne im Quader alle zur Kante k_1 (k_2; k_5) senkrechten Grund- oder Seitenflächen!

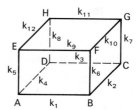

27. Nenne im Quader alle zur Ebene $\mathbb{E}_{A,D,H}$ ($\mathbb{E}_{k_3,k_1}$; $\mathbb{E}_{B,F,D}$) senkrechten Grund- oder Seitenflächen!

28. In der *ebenen* Geometrie gilt für die Senkrechtbeziehung zwischen Geraden: $g \perp s$ und $s \perp h \Rightarrow g \parallel h$. Gilt dies auch im Raum?

29. Peter behauptet, die Senkrechtbeziehung zwischen Geraden im Raum sei „transitiv", d. h. es gelte $g \perp s$ und $s \perp h \Rightarrow g \perp h$. Er belegt dies mit den Kanten k_1, k_4 und k_5 des Quaders. Hat Peter also recht?

30. Beweise, daß im Quader gilt:
    a) $\triangle ABC \cong \triangle GHE$ b) $\triangle ACG \cong \triangle BDH$
    c) $\triangle AFC \cong \triangle CHA$ d) $\triangle BCF \cong \triangle HAE$.

'31. Beweise: Im Quader sind alle Raumdiagonalen gleich lang.

'32. Welche der folgenden Aussagen sind wahr, welche falsch? Widerlege falsche Aussagen jeweils durch ein Gegenbeispiel!
    a) Zu jeder Ebene gibt es genau eine Lotebene.
    b) Ist eine Gerade g senkrecht zu zwei Geraden einer Ebene $\mathbb{E}$, so ist g Lot zu $\mathbb{E}$.
    c) Es gibt genau eine Lotebene zu einer gegebenen Ebene $\mathbb{E}$, die zu einer vorgegebenen Geraden parallel ist.
    d) Von einem Punkt $P \notin g$ kann man genau ein Lot zur Geraden g errichten.
    e) Von einem Punkt $P \in \mathbb{E}$ kann man genau ein Lot zur Ebene $\mathbb{E}$ errichten.
    f) Von einem Punkt $P \notin g$ gibt es genau ein nicht windschiefes Lot zur Geraden g.
    g) Zwei Lote einer Ebene sind zueinander parallel.
    h) Zwei Lotebenen einer Ebene sind zueinander parallel.

33. Es sei $\mathbb{E}_1 \parallel \mathbb{E}_2$. Außerdem sei $[AB] \subset \mathbb{E}_1$; $[CD] \subset \mathbb{E}_2$; $AC \perp \mathbb{E}_1$, $BD \perp \mathbb{E}_2$.
Beweise:

a) $[AB] \parallel [CD]$ b) $\overline{AB} = \overline{CD}$ c) AD und BC sind nicht windschief

•34. Welches ist die Menge aller Punkte, die von zwei Punkten A und B des Raumes gleichen Abstand haben?

35. Welche der folgenden Aussagen sind zutreffend?
In geraden Prismen gilt:

a) Jede Seitenfläche ist senkrecht zu den Grundflächen.

b) Jede Gerade einer Seitenfläche ist senkrecht zu den Grundflächen.

c) Manche Geraden einer Seitenfläche stehen senkrecht auf allen Geraden der Grundflächen.

36. Wie heißt ein gerades vierseitiges Prisma, bei dem alle Begrenzungsflächen zueinander kongruent sind?

37. Berechne den Inhalt der Mantelfläche und der Oberfläche des gezeichneten geraden dreiseitigen Prismas.

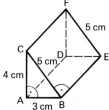

•38. Die Grundfläche eines geraden Prismas sei ein Quadrat mit der Seitenlänge a (3 cm) und der Oberflächeninhalt sei O (100 cm²).
Berechne die Höhe des Prismas!

39. Gib die Anzahl der Begrenzungsflächen und die Anzahl der Kanten eines n-seitigen Prismas an!

40. Zeichne zum Prisma der Aufgabe 37 ein weiteres Netz! (Zwei Netze wurden bereits in Beispiel 4 gezeichnet.)

41. Beschreibe die Form der Körper, die durch jeweils ein Netz gegeben sind! Berechne jeweils die Mantelfläche und – wenn möglich – die Oberfläche des Körpers!

a)
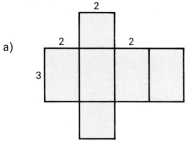

b)
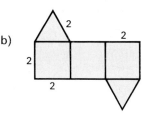

c)
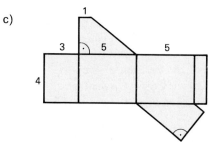

d)
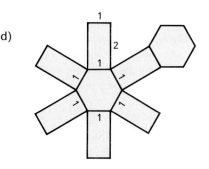

42. *Alles in Ordnung?*
Michaela behauptet, die folgenden Figuren seien Netze gerader Prismen.
Hat sie recht?

a)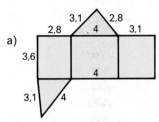

b)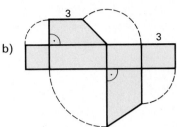

43. In Schrägbildern gibt es im allgemeinen auch Strecken, deren Längen mit den wahren Streckenlängen an den Körpern übereinstimmen (die also nicht „verzerrt" werden). Welche sind das?

•44. a) Konstruiere das Schrägbild eines Quaders mit den Kantenlängen a = 4 cm, b = 3 cm, c = 3 cm bei einer Sicht von rechts oben mit q = 0,5.
   b) Konstruiere das Bild desselben Quaders bei einer Sicht von rechts unten mit q = 0,75.

45. Zeichne Schrägbilder eines Quaders aus folgender Sicht:
   a) links oben. Zusatzbedingung: „steil von oben"!
   b) links oben. Zusatzbedingung: „flach von oben"!
   c) rechts unten. Zusatzbedingung: „steil von unten"!
   d) rechts unten. Zusatzbedingung: „flach von unten"!

46. Zeichne jeweils das Schrägbild eines Würfels mit der Kantenlänge 4 cm von rechts oben und trage die rote Strecke ein.
   1. Denke dir jeweils die rote Gerade als Schnittgerade zweier Ebenen und schraffiere die Schnittfiguren dieser Ebenen mit dem Würfel!
   2. Zeichne jeweils die wahre Länge der roten Strecke!

a)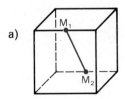

b)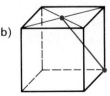

c)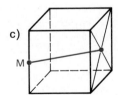

d)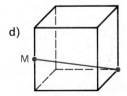

e)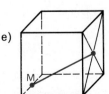

f)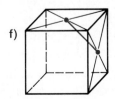

Parallelprojektionen und Schrägbilder

Eine Abbildung heißt (räumliche) *Parallelprojektion* auf die Bildebene $\mathbb{E}$ in Richtung der Geraden g, wenn gilt:

a) genau die Punkte der Ebene $\mathbb{E}$ werden auf sich selbst abgebildet („Fixpunkte"),

b) für jeden Punkt $P \notin \mathbb{E}$ gilt: Der Bildpunkt P' liegt in der Ebene $\mathbb{E}$ und zwar so, daß PP' parallel zur Geraden g ist.

Eigenschaften einer Parallelprojektion:[1]

a) Das Bild eines Parallelenpaars, das nicht zur Projektionsrichtung gehört, ist wieder ein Parallelenpaar.

b) Zur Bildebene parallele Strecken werden auf gleich lange Strecken abgebildet.

c) Das Teilverhältnis von Strecken ändert sich nicht.

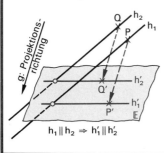

$h_1 \parallel h_2 \Rightarrow h'_1 \parallel h'_2$

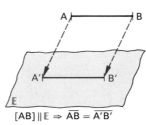

$[AB] \parallel \mathbb{E} \Rightarrow \overline{AB} = \overline{A'B'}$

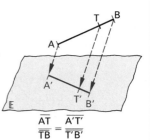

$$\frac{\overline{AT}}{\overline{TB}} = \frac{\overline{A'T'}}{\overline{T'B'}}$$

[1] Seite 130: Woraus folgen die Eigenschaften einer räumlichen Parallelprojektion?

Ist die Projektionsrichtung einer Parallelprojektion senkrecht zur Bildebene, so heißt diese eine *Orthogonalprojektion*.

Der spitze Winkel zwischen einer Geraden g und ihrer Orthogonalprojektion g' in der Ebene $\mathbb{E}$ heißt der *Neigungswinkel* der Geraden g gegen die Ebene $\mathbb{E}$.

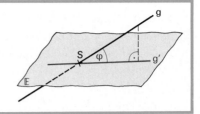

Wird eine Punktmenge durch eine nicht senkrechte Parallelprojektion auf eine Ebene abgebildet, so erhält man ein sogenanntes *Schrägbild*.

Gesetzmäßigkeiten von Schrägbildern:

1. Alle im Original parallelen Strecken sind auch im Bild parallel.
2. Strecken, die zur Bildebene parallel sind, erscheinen im Bild in wahrer Länge. Flächen, die zur Bildebene parallel liegen, besitzen kongruente Bildflächen.
3. Zueinander parallele und gleich lange Originalstrecken haben parallele und untereinander wieder gleich lange Bildstrecken.

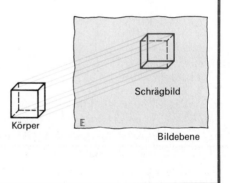

Durchführung des Schrägbildverfahrens:

Abzubildende Punkte sollen in einer zur Bildebene senkrechten Ebene liegen („Grundrißebene"). Punkte, die nicht in der Grundrißebene liegen, werden vor der Schrägbilddarstellung senkrecht in diese projiziert („Grundrißpunkt" P_0).

Eine vorgegebene Parallelprojektion – und somit das Schrägbild eines jeden Grundrißpunktes P_0 – ist eindeutig bestimmt

a) durch Vorgabe des sogenannten „Verzerrungswinkel" ω. Das ist der Winkel, den die Bildgerade SP_0' des Lotes SP_0 mit der Rißachse s bildet,

b) durch Vorgabe des „Verkürzungsfaktors" q mit $\overline{SP_0'} = q \cdot SP_0$.

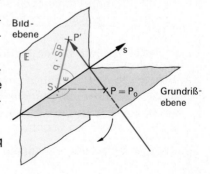

Konstruktion eines Bildpunktes P′ im Schrägbildverfahren:

1. Zeichne, falls noch nicht gegeben, den Grundrißpunkt P_0 zu P. Drehe die Grundrißebene um die Rißachse in die Bildebene.

2. Fälle von P_0 aus das Lot auf die Rißachse s.

3. Bestimme vom Lotfußpunkt S aus durch Antragen des Winkels ω und durch Abtragen der Streckenlänge $\overline{SP_0'} = q \cdot \overline{SP_0}$ den Schrägbildpunkt P_0' des Grundrißpunktes P_0.

4. Die Strecke $[P_0'P']$ ist schließlich senkrecht zur Rißachse s und erscheint in wahrer Länge: $\overline{P_0'P'} = \overline{P_0P}$.

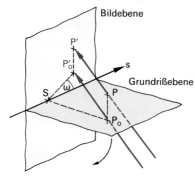
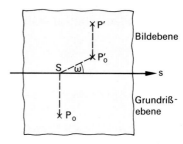

Beispiele

1. a) Bestimme im Schrägbild des Würfels A…H den Neigungswinkel der Raumdiagonalen AG gegen die Grundebene $\mathbb{E}_{A,B,C}$.

b) Begründe, warum eine Raumdiagonale des Würfels gegen jede Seitenfläche den gleichen Neigungswinkel bildet.

c) Konstruiere die wahre Größe des Neigungswinkels.

Lösung:

a) Siehe die gezeichnete Figur!

b) Alle in Frage kommenden Neigungswinkel liegen in kongruenten Dreiecken.

c) Siehe die gezeichnete Figur!

2. Konstruiere das Schrägbild eines Punktes P, der 3 cm über der Grundrißebene liegt bei ω = 45° und q = 0,5. Der Grundrißpunkt P_0 von P sei gegeben.

Lösung: Siehe die gezeichnete Figur!

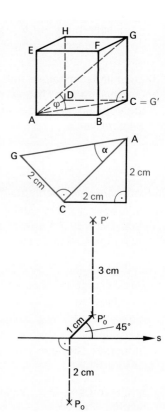

3. Konstruiere das Schrägbild eines in der Grundrißebene liegenden Quadrats bei $\omega = 30°$ und $q = 0,75$.

Lösung: Siehe die gezeichnete Figur!

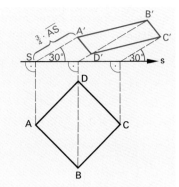

4. Konstruiere das Schrägbild eines Würfels A...H mit der Kantenlänge 2 cm, dessen Seitenfläche ABCD in der Grundrißebene liegt. Die Würfelkante AB sei zur Bildebene parallel.
$\omega = 225°$, $q = 0,75$.

Lösung:

Der Würfel erscheint aus einer Sicht von rechts oben. Die Seitenflächen ABFE und DCGH erscheinen im Schrägbild in wahrer Gestalt. Grund- und Deckfläche sind im Schrägbild kongruente Parallelogramme.

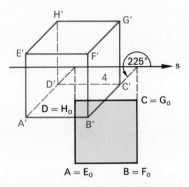

5. Konstruiere das Schrägbild einer geraden fünfseitigen Pyramide der Höhe 4 cm, deren Grundriß vorgegeben ist.

$\omega = 30°$, $q = 0,5$.

Lösung:

Siehe die gezeichnete Figur!
(Die Pyramide erscheint aus einer Sicht von links unten.)

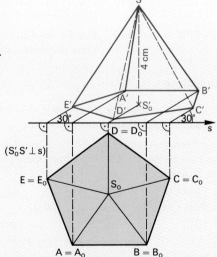

101

6. Beschreibe den Zusammenhang des Verzerrungswinkels ω mit dem Blickwinkel, aus dem ein Schrägbildkörper erscheint!

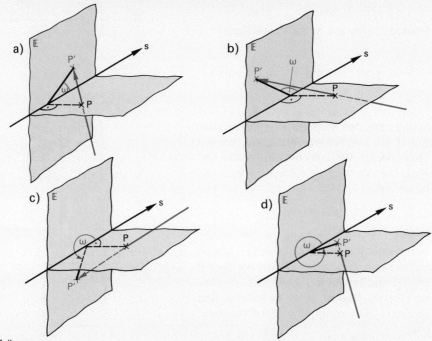

Lösung:

a) 0° < ω < 90°: Die Projektionsstrahlen verlaufen nach „rechts oben".
Dies vermittelt eine Sicht von „links unten".

b) 90° < ω < 180°: Die Projektionsstrahlen verlaufen nach „links oben".
Dies vermittelt eine Sicht von „rechts unten".

c) 180° < ω < 270°: Die Projektionsstrahlen verlaufen nach „links unten".
Dies vermittelt eine Sicht von rechts oben".

d) 270° < ω < 360°: Die Projektionsstrahlen verlaufen nach „rechts unten".
Dies vermittelt eine Sicht von „links oben".

Aufgaben

1. Welche Fixgeraden (d. h. Geraden, die auf sich selbst abgebildet werden) besitzt eine räumliche Parallelprojektion?

2. Bestimme im Quader A...H die Bilder folgender Punktmengen bei der Parallelprojektion in die Ebene $\mathbb{E}_{A, B, C}$ mit der Projektionsrichtung AH:

a) Punkt H   b) Punkt D   c) [DH]

d) Punkt M (Mittelpunkt von [DH])

e) [GC]   f) △BCG   g) Viereck DCGH

h) △HSG (S Diagonalenschnittpunkt in DCGH)

i) Viereck EFGH

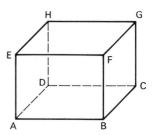

3. A...H sei ein Würfel. Die Grundfläche ABCD liege in der Bildebene einer Orthogonalprojektion. Bestimme für diese die Bilder folgender Punktmengen:

a) [EF]   b) △FGH   c) [AG]   d) △ABG

e) △DBF   f) des Würfels selbst

4. Beweise: Das Bild eines Parallelogramms ist bei Parallelprojektionen wieder ein Parallelogramm oder eine Strecke.

°**5.** Bildet man ein ebenes n-Eck durch eine nicht senkrechte Parallelprojektion auf eine dazu parallele Ebene ab, so erzeugen alle Verbindungsstrecken von einem Punkt zu seinem Bildpunkt ein sogenanntes *schiefes* n-seitiges Prisma.

a) Welche Form haben die Seitenflächen eines schiefen Prismas?

b) Begründe, warum die „Höhe" eines schiefen Prismas kleiner ist als jede Seitenkante!

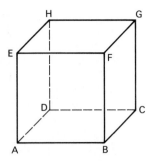
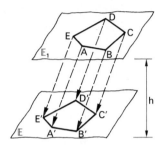

•**6.** a) Zeichne im Schrägbild des Würfels A...H den Neigungswinkel der Geraden AM (M Mittelpunkt von [CG]) gegen die Grundebene.

b) Konstruiere den Winkel von a) in wahrer Größe.

c) Konstruiere [AM] in wahrer Größe.

d) Zeichne *innerhalb* des Würfelschrägbildes den Winkel, den die Gerade AM gegen die Deckebene $\mathbb{E}_{EFG}$ bildet.

e) Zeichne im Schrägbild des Würfels den Winkel, den die Gerade AM gegen die Seitenebene $\mathbb{E}_{B,C,G}$ bildet.

f) Konstruiere den Winkel von e) in wahrer Größe.

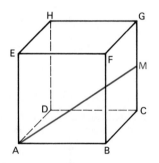

7. a) Zeichne im Schrägbild eines Würfels A...H den Neigungswinkel der Geraden EF gegen die Diagonalebene $\mathbb{E}_{B,F,H}$.

b) Zeichne den Winkel von a) in wahrer Größe.

8. a) Zeichne im Schrägbild des Würfels A...H den Neigungswinkel der Geraden AH gegen die Diagonalebene $\mathbb{E}_{B,F,H}$.

b) Zeichne den Winkel von a) in wahrer Größe.

9. Zeichne im Schrägbild eines Würfels A...H mit der Kantenlänge 3 cm auf der Kante [CG] einen Punkt T so, daß die Gerade AT mit der Grundebene des Würfels einen Neigungswinkel von 10° einschließt.

10. Konstruiere für einen Quader A...H mit $\overline{AB} = 5\,cm$, $\overline{BC} = 4\,cm$, $\overline{BF} = 3\,cm$ folgende Winkel in wahrer Größe:

a) Neigungswinkel von [AG] gegen $\mathbb{E}_{A,B,C}$

b) Neigungswinkel von [AG] gegen $\mathbb{E}_{D,C,G}$

c) Schnittwinkel von AG und HG

d) Neigungswinkel von [EF] gegen $\mathbb{E}_{B,D,H}$

e) Neigungswinkel von [AH] gegen $\mathbb{E}_{B,D,H}$

11. a) Bestimme im Schrägbild des geraden dreiseitigen Prismas ABCDEF den Neigungswinkel der Kante [BC] sowie der Flächendiagonalen [CE] gegen die Seitenfläche
ABED!

b) Begründe, warum die Flächendiagonale
[BF] mit ABED den gleichen Neigungswinkel einschließt wie [CE]!

c) Konstruiere die wahre Größe der beiden
Neigungswinkel aus a)!

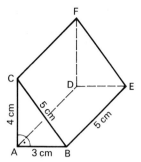

12. Eine Gerade g habe gegen die Ebene $\mathbb{E}$ einen Neigungswinkel von 10°. Wie viele
Geraden enthält die Ebene, die g in ihrem Schnittpunkt mit der Ebene schneiden und auf
g senkrecht stehen?

13. Konstruiere das Schrägbild eines geraden dreiseitigen Prismas mit der Höhe h = 4 cm,
dessen Grundfläche ein gleichseitiges Dreieck mit der Seitenlänge 3 cm ist
a) wenn eine Seitenfläche des Prismas parallel zur Bildebene ist; ω = 45°, q = 0,5;
b) wenn keine Seitenfläche des Prismas parallel zur Bildebene ist; ω = 30°, q = 1.

14. Konstruiere zu folgenden Grundrissen gerader Prismen der Höhe h = 3 cm je ein
Schrägbild mit ω = 45°, q = 0,5 (ω = 225°, q = 0,5)!

  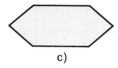

a)   b)   c)   d)

15. Das mit ω = 210° und q = 0,5 gezeichnete
Schrägbild des Quaders habe die folgenden
Schrägbildmaße:
$\overline{A'B'}$ = 3 cm, $\overline{B'C'}$ = 1,5 cm, $\overline{A'E'}$ = 2 cm.
Konstruiere in wahrer Größe

a) Dreieck AHD,   b) Viereck ACGE,

c) Dreieck BEH,   d) Dreieck BED!

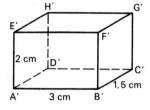

16. In welcher Schnittfigur schneiden sich der Quader aus Aufgabe 15 und die Ebene $\mathbb{E}_{A,D,M}$,
wobei M der Diagonalenschnittpunkt im Viereck BCGF ist? Konstruiere die Schnittfigur
in wahrer Größe!

17. Gegeben sei der Quader aus Aufgabe 15. M sei der Diagonalenschnittpunit in der
Seitenfläche ADHE.

a) Bestimme den Abstand des Punktes M von $\mathbb{E}_{A,B,C}$.

b) Bestimme den Abstand des Punktes M von $\mathbb{E}_{B,C,G}$.

c) Konstruiere in wahrer Größe eine Strecke mit der Länge des Abstandes des Punktes A
von der Ebene $\mathbb{E}_{B,F,H}$.

d) Konstruiere in wahrer Größe eine Strecke mit der Länge des Abstandes des
Mittelpunktes der Strecke [FG] von der Ebene $\mathbb{E}_{B,C,M}$.

18. Ein Würfel (Kantenlänge 4 cm) werde mit einer Ebene geschnitten, die durch drei Punkte
gegeben ist. Zeichne die Schnittfigur, in der sich Würfel und Ebene schneiden
1. im Schrägbild,   2. in wahrer Größe!

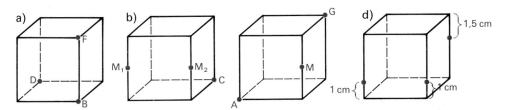

19. Gegeben ist ein Quader A...H mit $\overline{AB} = 5\,cm$, $\overline{BC} = 3\,cm$, $\overline{AE} = 4\,cm$. Ferner sind 4 Punkte S, T, Q, P gegeben: S liegt auf [AB] mit $\overline{SA} = 2\,cm$, T liegt auf [EF] mit $\overline{FT} = 3\,cm$, Q liegt auf [DC] mit $\overline{DQ} = 4\,cm$ und P ist der Schnittpunkt der Geraden SQ und DB.

a) Konstruiere die Schnittfigur des Quaders mit der Ebene $\mathbb{E}_{S,T,Q}$ in wahrer Größe!

b) Konstruiere die Strecke [PH] in wahrer Größe!

20. Gegeben ist der Quader A...H mit $\overline{AB} = 6\,cm$, $\overline{BC} = 4\,cm$, $\overline{AE} = 5\,cm$ und die drei Punkte P, Q, M. P liegt auf [AB] mit $\overline{AP} = 4\,cm$, Q liegt auf [EF] mit $\overline{FQ} = 2\,cm$ und M halbiert [FB].

a) Konstruiere den Teil der Schnittgeraden der Ebenen $\mathbb{E}_{P,Q,C}$ und $\mathbb{E}_{M,A,D}$, der vom Quader begrenzt wird, in wahrer Größe!

b) Es seien S und T die Endpunkte dieser Strecke aus a). Konstruiere das Dreieck MST in wahrer Größe!

·21. Zeichne die Paramide aus Beispiel 5

a) mit $\omega = 210°$, $q = 0,5$ b) mit $\omega = 300°$, $q = 0,5$!

·22. Die Pyramide aus Aufgabe 21 werde mit der zur Grundfläche ABCDE senkrechten Ebene durch die Seitenkante [AS] geschnitten.

a) Zeichne die Schnittfigur im Schrägbild.

b) Zeichne die Schnittfigur in wahrer Größe.

23. *Schattenspiele*
Michaela gebraucht das Sprichwort „Wo viel Licht ist, ist viel Schatten" auf ihre Weise: Sie hat Spaß an Schattenspielen!
Dabei erzeugt sie mit Hilfe einer Lichtquelle durch geschickte Stellungen ihrer Hände Schattenbilder von Tieren auf ebenen Flächen.

Welche Tierfiguren gelingen dir?

Wie kannst du die *Größe* deiner Tierfiguren verändern, wenn du deine Leselampe als Lichtquelle benutzt?

Klappt die Größenveränderung auch bei Sonnenlicht?

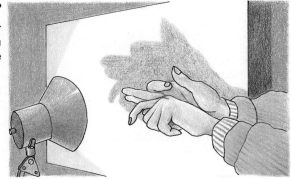

105

°**24.** Soll eine räumliche Punktmenge gezeichnet werden, so bedeutet dies eine Darstellung innerhalb der Zeichenebene. Projizieren wir eine Punktmenge durch zwei Orthogonalprojektionen auf zwei zueinander senkrechte Ebenen E_1 und E_2 und klappen beide Ebenen anschließend in eine gemeinsame Zeichenebene, so sprechen wir von der *Grund-* und *Aufrißdarstellung* der Punktmenge.

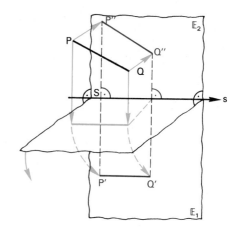

Zur Bezeichnungsweise:

P' bedeutet den Grundriß, P'' den Aufriß des Punktes P. (Grund- und Aufriß eines Punktes liegen auf einem Lot zur Rißachse.)
(Falls eine Grund- und Aufrißdarstellung keine Bezeichnungen enthält, so liegt in der Regel die Grundrißfigur unter, die Aufrißfigur oberhalb der Rißachse.)

Beispiele:

1.   2.

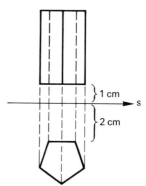

Beispiel 1 zeigt die Grund- und Aufrißdarstellung eines Quaders ABCDEFGH, der 2 cm über der Grundrißebene und 1 cm vor der Aufrißebene steht.

Beispiel 2 zeigt ein gerades fünfseitiges Prisma. Seine Grundflächen sind parallel zur Grundrißebene, eine Seitenfläche ist parallel zur Aufrißebene. Das Prisma steht 2 cm vor der Aufrißebene und 1 cm über der Grundrißebene.

Um welche Punktmengen handelt es sich bei den in den Figuren a) bis i) gegebenen
Grund- und Aufrißdarstellungen?
Welche Lage haben die dargestellten Punktmengen bezüglich der Rißebenen?
Was kann man über die Maße der Punktmengen aussagen?

a)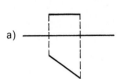

b)

c)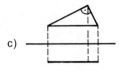

d)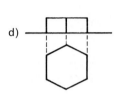

e)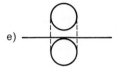

f)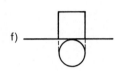

g)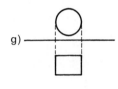

h)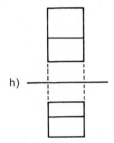

i)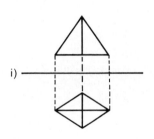

j) Was ist wahr? Begründung!
   Streckenlängen erscheinen im Grundriß oder Aufriß manchmal
   a) verkleinert,   b) nicht verkleinert,
   c) vergrößert,   d) nicht vergrößert.

Das gerade Prisma

Eigenschaften des Rauminhalts (Volumen) von Körpern:

a) Kongruente Körper besitzen denselben Rauminhalt.

b) Zerlegt man einen Körper in Teilkörper, dann ist die Summe der Rauminhalte der Teilkörper gleich dem Rauminhalt des Gesamtkörpers.

Zwei Körper, die sich in gleich viele paarweise kongruente Teilkörper zerlegen lassen, sind volumengleich.

Raumeinheiten:

1 mm^3
$1 \text{ cm}^3 = 1000 \text{ mm}^3$
$1 \text{ dm}^3 = 1000 \text{ cm}^3 = 1 \text{ l}$
$1 \text{ m}^3 \ = 1000 \text{ dm}^3 = 1000 \text{ l}$

Sondereinheit:

$1 \text{ hl} \ = 100 \text{ l}$

(l = Liter)
(hl = Hektoliter)

Raumeinheiten sind der Kubikmeter m^3 und die davon abgeleiteten Einheiten des Dezimalsystems. Die Umrechnungszahl für benachbarte Raumeinheiten ist 1000.

Für das Volumen eines Würfels mit der Kantenlänge a gilt:

Für das Volumen eines Quaders mit den Kantenlängen a, b, c gilt:

Für das Volumen eines geraden Prismas mit dem Grundflächeninhalt G und der Höhe h gilt:[1]

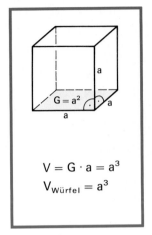

$$V = G \cdot a = a^3$$
$$V_{\text{Würfel}} = a^3$$

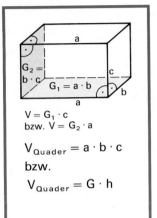

$V = G_1 \cdot c$
bzw. $V = G_2 \cdot a$

$$V_{\text{Quader}} = a \cdot b \cdot c$$
bzw.
$$V_{\text{Quader}} = G \cdot h$$

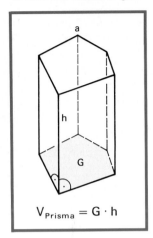

$$V_{\text{Prisma}} = G \cdot h$$

G ist Inhalt einer Grundfläche und h ist die dazugehörige Höhe.

Beispiele

1. Die Maßzahlen der Oberfläche und des Volumens eines Würfels sind gleich. Berechne diese!

Lösung:

a LE sei die Seitenlänge des Würfels.

Dann gilt:

Oberfläche: $6 \cdot a^2 \, \text{LE}^2$

Volumen: $\quad a^3 \, \text{LE}^3$

Also: $\qquad a^3 = 6a^2 \quad \text{mit} \quad a \neq 0 \quad : a^2$

$\qquad\qquad a = 6$

Bei einem Würfel mit der Seitenlänge 6 LE sind die Maßzahlen für Oberfläche und Volumen gleich, nämlich 216.

2. Berechne den Flächeninhalt der Grundfläche eines 2,5 dm hohen geraden Prismas mit dem Volumen 600 cm³.

Lösung:

$$V = G \cdot h \quad \Rightarrow \quad G = \frac{V}{h}$$

$$G = \frac{600 \, \text{cm}^3}{2,5 \, \text{dm}} = \frac{600 \, \text{cm}^3}{25 \, \text{cm}} = \underline{24 \, \text{cm}^2}$$

---

[1] Seite 132: Woher kommt die Volumenformel für das gerade Prisma?

Aufgaben

1. Welches sind die „Umrechnungszahlen" für benachbarte Einheiten im Dezimalsystem
a) beim Längenmaß,   b) beim Flächenmaß,   c) beim Raummaß?

2. Verwandle in die nächstkleinere Einheit!
a) 5 cm^3; 23 cm^3; $0,257 \text{ cm}^3$; $0,83 \text{ cm}^3$; $0,9 \text{ cm}^3$; $0,0158 \text{ cm}^3$
b) $0,387 \text{ dm}^3$; $6,03 \text{ dm}^3$; $0,11 \text{ dm}^3$; $0,2002 \text{ l}$; $0,00005 \text{ l}$; $\frac{1}{8} \text{ l}$
c) $13,28 \text{ m}^3$; $2\frac{1}{5} \text{ m}^3$; $\frac{1}{3} \text{ m}^3$; $\frac{17}{1000} \text{ m}^3$; $\frac{100}{8} \text{ m}^3$; $\frac{3}{7} \text{ m}^3$

3. Verwandle in die nächstgrößere Einheit!
a) 12 l; 235 dm^3; $29,7 \text{ l}$; 2780 dm^3; 999 l; $5,008 \text{ dm}^3$
b) 234500 cm^3; $807,5 \text{ cm}^3$; 630000 cm^3; 2 cm^3; $0,8 \text{ cm}^3$; 25 cm^3
c) $7 \cdot 10^3 \text{ mm}^3$; $5,2 \cdot 10^4 \text{ mm}^3$; $0,5 \cdot 10^6 \text{ mm}^3$; $2,8 \cdot 10^5 \text{ mm}^3$; 10^7 mm^3

4. Berechne:
a) $0,03 \text{ cm}^3 + 70 \text{ mm}^3$ b) $2855 \text{ dm}^3 + 0,145 \text{ m}^3$
c) $0,017 \text{ cm}^3 + 8,3 \text{ mm}^3$ d) $1 \text{ m}^3 - 250000 \text{ cm}^3$
e) $156 \text{ dm}^3 : 12$ f) $65 \text{ cm}^3 : 13 \text{ cm}^3$
g) $125 \text{ m}^3 : 8 \text{ l}$ h) $800 \text{ cm}^3 \cdot 30$

5. Nenne Punktmengen, für welche
a) die Maßzahl des Rauminhalts 0 ist,
b) die Maßzahl des Flächeninhalts 0 ist,
c) die Maßzahl der Länge 0 ist!

˙6. Berechne die fehlenden Maße für einen Würfel:

	Kantenlänge	Grundflächeninhalt	Oberfläche	Volumen
a)	4 cm			
b)	0,25 dm			
c)		25 cm²		
d)		0,0169 a		
e)			150 cm²	
f)			294 cm²	
g)				27 l
h)				0,216 m³

7. Die Maßzahl der Oberfläche eines Würfels ist fünfmal so groß wie die Maßzahl des Volumens des Würfels. Berechne dieses!

8. Berechne das Gewicht eines Quaders (5 dm Länge, 3 dm Breite, 2 dm Höhe) aus folgendem Material mit gegebener Dichte ρ g/cm³:

a) Sandstein (ρ = 2,5)   b) Beton   (ρ = 2,1)   c) Eisen   (ρ = 7,9)

d) Eiche   (ρ = 0,8)   e) Eis   (ρ = 0,9)   f) Gold   (ρ = 19,3)

9. Berechne aus den gegebenen Netzen von Quadern

1. deren Oberfläche, 2. deren Volumen!

a)
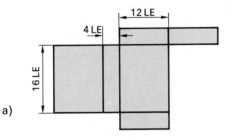

b)
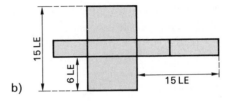

c)
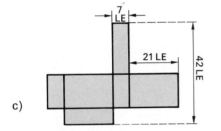

d)
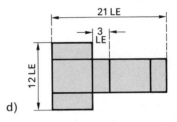

°10. *„Einleuchtend"?*

Eigentlich müßte doch das Volumen und auch die Oberfläche eines Quaders gleich bleiben, wenn man eine Quaderkante um eine bestimmte Länge x LE verkürzt und dafür eine andere Quaderkante um dieselbe Länge x LE verlängert! Oder nicht?

a) Überprüfe dies an selbstgewählten Quadern!

b) Untersuche den Sachverhalt durch eine allgemeine Rechnung!

11. Berechne für folgende, durch ein Schrägbild gegebene Körper jeweils Volumen und Oberfläche!

a)
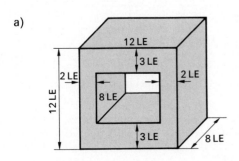

b)
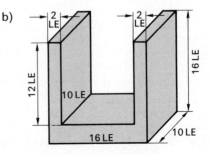

111

12. Berechne Volumen, Oberfläche und Gewicht folgender 50 cm langer Werkstücke aus Eisen ($\rho = 7{,}9\,\text{g/cm}^3$) mit gegebenem Querschnitt:

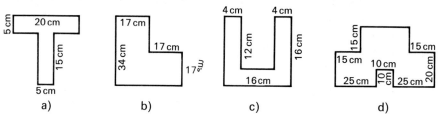

a)   b)   c)   d)

13. Berechne Volumen und Oberfläche folgender Prismen, von denen jeweils der Querschnitt und die Höhe gegeben sind!

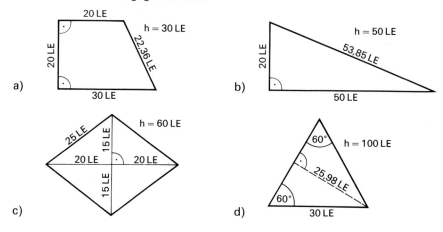

14. Ein geradliniger trapezförmiger Lärmschutzwall hat eine Länge von 1 km. An der Basis ist der Wall 9,50 m, oben ist er 4,50 m breit. Seine Höhe beträgt 8 m.
   a) Berechne das Volumen des Walls.
   b) Wie viele Lastwagenfahrten à 7 t sind zur Errichtung des Walls nötig, wenn 1 m³ Erdreich ca. 2,5 t wiegt?

·15. Berechne die fehlenden Maße für ein gerades dreiseitiges Prisma:

	Grundfläche G	Höhe h	Volumen V	Grundflächen-seite g	Grundflächen-höhe h_g
a)		12 cm	288 cm³	6 cm	
b)			405 cm³	5 cm	18 cm
c)	284 cm²		5228 cm³	16 cm	

16. Bei einem geraden dreiseitigen Prisma ist die Oberfläche viermal so groß wie die Grundfläche. Die Grundfläche ist ein rechtwinkliges Dreieck mit den Seitenlängen 3 cm, 4 cm, 5 cm. Berechne das Volumen des Prismas!

Vermischte Wiederholungsaufgaben

1. Zeichne einen Kreis k mit Radius 2 cm und eine Gerade g durch den Mittelpunkt von k.

   a) Konstruiere die Menge der Mittelpunkte aller Kreise vom Radius 2 cm, die k von außen berühren.

   b) Konstruiere diejenigen Kreise vom Radius 2 cm, die k von außen und außerdem die Gerade g berühren.

2. k_1 sei ein Kreis mit Radius 10 cm, k_2 ein Kreis mit Radius 1 cm. Der Abstand ihrer Mittelpunkte heiße d. Zwischen welchen Grenzen muß d liegen, damit sich die beiden Kreise schneiden?

3. Konstruiere alle Kreise, die gleichzeitig die drei gegebenen Geraden g, h, t mit g ∥ h berühren! (s. Zeichnung)

zu 3.

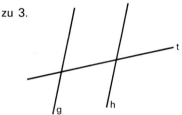

4. Gegeben sei der Kreis $k(M; r)$ mit $M(3; 4)$ und $r = 2$ cm und der Punkt $P(8; 1)$. Konstruiere die Tangenten von P an $k(M; r)$!

5. Gegeben sind die Punkte $A(2; 1)$, $B(10; 3)$, $P(5; 7)$. Konstruiere die Kreise mit Radius 3 cm, die durch P gehen und die Gerade AB berühren!

zu 6.

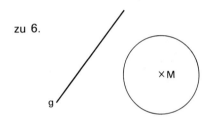

6. Konstruiere eine senkrechte Gerade l zur gegebenen Geraden g so, daß l aus dem gegebenen Kreis k eine Sehne ausschneidet, die ebenso lang ist wie der Abschnitt zwischen Gerade und Kreis! (s. Zeichnung)

7. Gegeben ist ein Kreis mit dem Mittelpunkt M und dem Radius 4 cm sowie ein Punkt P mit $\overline{PM} = 9$ cm. Die Tangenten an den Kreis von P aus berühren in den Punkten T_1 und T_2. Konstruiere einen Kreis k_2, der die Gerade PT_1 in T_1 berührt und der aus $T_1 T_2$ eine Strecke der Länge 5 cm ausschneidet!

zu 8.

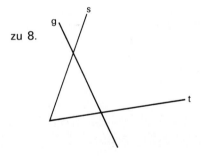

8. Konstruiere die Strecke [ST] mit $\overline{ST} = a$ und $S \in s$, $T \in t$ so, daß [ST] zur Geraden g parallel ist! (s. Zeichnung)

9. Zeichne zwei Geraden g und h, die einen Winkel von 50° einschließen. Konstruiere dann einen Kreis, der die Geraden g und h berührt, so daß die Sehne zwischen den beiden Berührpunkten 4,5 cm lang ist!

10. Zeichne einen Kreis mit Radius 3,5 cm. Konstruiere an den Kreis zwei Tangenten, so daß die Tangentenabschnitte mit der Berührsehne ein gleichseitiges Dreieck bilden!

11. Konstruiere im Punkt P eines Kreisbogens mit unzugänglichem Kreismittelpunkt die Tangente!

12. Beweise: Ein Viereck, in dem zwei Seiten parallel sind und in dem die Diagonale e die Diagonale f halbiert, ist ein Parallelogramm.

113

13. a) Konstruiere zu einer 4 cm langen Strecke [AB] das Faßkreisbogenpaar zum Umfangs-winkel $\varphi = 100°$.

b) Schraffiere die Menge aller Punkte, von denen aus die Strecke [AB] unter einem Winkel der Größe α mit $60° \leq \alpha \leq 100°$ erscheint.

14. Zeichne ein Quadrat ABCD mit 4,5 cm Seitenlänge und kennzeichne darin alle Punkte P, für die gilt: $|\sphericalangle APB| > 75°$ und $|\sphericalangle BPC| \leq 135°$!

15. Konstruiere ein Dreieck aus s_c, s_b und β!

16. Konstruiere ein Dreieck aus s_b, s_c und h_c!

17. Konstruiere ein Tangentenviereck ABCD aus $a = 7,9\,\text{cm}$, $b = 9,1\,\text{cm}$, $d = 5,4\,\text{cm}$, $\delta = 120°$!

18. Konstruiere ein Tangentenviereck ABCD aus $a = 5\,\text{cm}$, $\gamma = 30°$, dem Inkreisradius $\rho = 2\,\text{cm}$ und der Bedingung $c \parallel a$!

19. Konstruiere ein Sehnenviereck ABCD aus $c = 4\,\text{cm}$, $d = 5\,\text{cm}$, $\alpha = 100°$ und $\beta = 80°$!

20. Konstruiere ein Sehnenviereck ABCD aus $b = c$, $\gamma = 2\alpha$, $f = 8\,\text{cm}$, $|\sphericalangle (e, f)| = 80°$!

21. Wie groß ist die Höhe eines Dreiecks mit der Grundseite 16,9 cm, wenn dieses dieselbe Fläche hat wie ein Quadrat vom Umfang 104 cm?

22. Ein Parallelogramm mit der Höhe $h = 3\,\text{cm}$ ist zu einem Dreieck flächengleich, dessen Seite $a = 6\,\text{cm}$ und dessen Höhe $h_a = 2,4\,\text{cm}$ gegeben sind. Berechne die Länge der Grundseite des Parallelogramms!

23. Wie lang ist die zweite Grundlinie eines Trapezes, dessen eine Grundseite 4 cm und dessen Höhe 3 cm ist und das einem rechtwinkligen Dreieck mit den Katheten $a = 5\,\text{cm}$ und $b = 6\,\text{cm}$ flächengleich ist?

24. Konstruiere ein Sehnenviereck aus $\beta = 60°$, $b = 5\,\text{cm}$, $c = 3\,\text{cm}$, $b \parallel d$! Verwandle anschließend das Sehnenviereck in ein flächengleiches Rechteck!

25. Verwandle das Parallelogramm ABCD mit $a = 7\,\text{cm}$, $b = 4\,\text{cm}$, $\beta = 70°$ in ein flächen-gleiches gleichschenkliges Dreieck mit der Seite [CD] als Basis!

26. Gegeben ist das Dreieck ABC mit $A(0; 0)$, $B(4; 0)$, $C(0; 4)$; außerdem der Punkt $A'(-4; -4)$. Die Verschiebung T bildet das Dreieck ABC auf das Dreieck A'B'C' ab. Welche Koordinaten haben die Punkte B' und C'? Zeichne im Koordinatensystem ein Achsenpaar, das die Verschiebung bestimmt!

°27. Berechne, für welche Werte von a der Ortsvektor des Vektors $\begin{pmatrix} a - 3 \\ 2 + a \end{pmatrix}$ in den 2. Quadranten zeigt!

°28. Berechne, für welche Werte von b der Ortsvektor des Vektors $\begin{pmatrix} 2 + b \\ b - 3 \end{pmatrix}$ in den 4. Quadranten zeigt!

29. ABCD sei ein Parallelogramm. M sei die Mitte von [AB]. (s. Figur)
Drücke die Vektoren $\overrightarrow{MB}$, $\overrightarrow{BA}$, $\overrightarrow{AD}$ und $\overrightarrow{AC}$ durch die gegebenen Vektoren $\vec{a}$ und $\vec{b}$ aus!

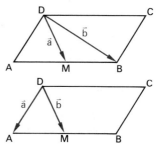

30. ABCD sei ein Parallelogramm. M sei die Mitte von [AB]. (s. Figur)
Drücke die Vektoren $\overrightarrow{MA}$, $\overrightarrow{AB}$, $\overrightarrow{DB}$ und $\overrightarrow{AC}$ durch die gegebenen Vektoren $\vec{a}$ und $\vec{b}$ aus!

31. Berechne den Flächeninhalt des gezeichneten Parallelogramms, wenn M der Mittelpunkt von [CD] ist!

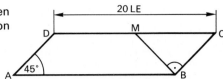

32. Berechne die rote Teilfläche des Parallelogramms ABCD (M_1 und M_2 seien die Mittelpunkte der jeweiligen Parallelogrammseiten)!

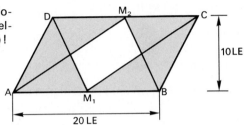

33. Berechne die rote Fläche des Rechtecks ABCD (M sei der Mittelpunkt der Rechtecksseite [CD])!

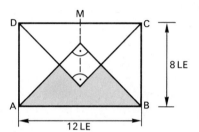

34. ABCD bilde ein Rechteck mit den Seitenlängen 8 cm und 4 cm. D sei der Mittelpunkt des gezeichneten Kreisbogens. Berechne die rote Fläche!

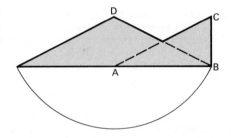

35. Werden bei einem Würfel zwei Kanten um 9 dm verlängert, während die dritte Kante unverändert bleibt, so ist das Volumen des entstehenden Quaders um 486 dm³ kleiner als das Volumen des Würfels, den man erhalten hätte, wenn man alle drei Kanten des ursprünglichen Würfels um 6 dm verlängert hätte.
Berechne die Kanten des ursprünglichen Würfels!

36. Ein Prisma hat den Rauminhalt von V = 154 cm³. Seine Höhe beträgt 5,5 cm. Seine Grundfläche ist ein Dreieck, dessen eine Seitenlänge a = 8 cm beträgt.

a) Berechne den Inhalt der Grundfläche.

b) Berechne die zu a gehörige Dreieckshöhe.

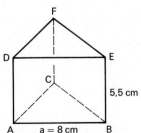

115

37. Berechne die Mantelfläche und die Oberfläche des gezeichneten geraden Prismas!

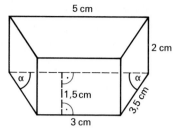

38. Das Volumen eines dreiseitigen Prismas beträgt 234 cm³, die Grundfläche 36 cm² und die Grundflächenhöhe 5 cm.
Berechne die zugehörige Grundseite und die Raumhöhe des Prismas!

39. Von einem Prisma ist bekannt: Volumen $V = 40$ cm³, Grundfläche $G = 10$ cm², Oberfläche $O = 80$ cm².
Berechne den Umfang der Grundfläche!

40. Gegeben ist ein Quader A...H mit $\overline{AB} = 6$ cm, $\overline{BC} = 4$ cm, $\overline{AE} = 3$ cm. Ferner sind vier Punkte S, T, Q, P gegeben: S liegt auf [EH] mit $\overline{ES} = 1$ cm, T liegt auf [AD] mit $\overline{DT} = 3$ cm, Q liegt auf [HG] mit $\overline{HQ} = 4$ cm und P ist der Schnittpunkt der Geraden SQ und HF.
a) Konstruiere die Schnittfigur des Quaders mit der Ebene $\mathbb{E}_{S,T,Q}$ in wahrer Größe.
b) Konstruiere die Strecke [PB] in wahrer Größe.

41. *Was trifft zu?*

Michael trinkt jeden Morgen ein Glas Milch. Sein neues Glas ist doppelt so hoch, aber nur halb so breit wie sein bisheriges.
Was meinst du – trinkt Michael jetzt wohl

a) mehr als früher,

b) weniger als früher,

c) ebenso viel wie früher?

Begründungen und Herleitungen in Frage und Antwort

Welche Vierecke sind punktsymmetrisch?

Antwort:

Genau Parallelogramme sind punktsymmetrische Vierecke.

Das heißt:

1. Jedes Parallelogramm ist punktsymmetrisch.
2. Jedes punktsymmetrische Viereck ist ein Parallelogramm.

Begründung:

1. Ist ABCD ein Parallelogramm, dann muß gezeigt werden, daß man ein Zentrum finden
kann, so daß bezüglich dieses Zentrums A auf C
und *gleichzeitig* B auf D abgebildet wird.
Wir zeigen, daß der Mittelpunkt M der Diagonalen [AC] dieses gesuchte Zentrum ist:
Zunächst wird bezüglich M der Punkt A auf C
abgebildet (Abbildungsgesetz der Punktspiegelung). Um zu zeigen, daß auch B auf D abgebildet wird, überlegt man so:

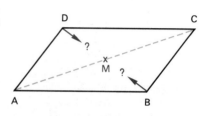

B ist der Schnittpunkt der beiden Geraden AB und BC. Die Gerade AB wird nun aber
bezüglich M auf die Gerade DC abgebildet (da gilt: A → C und da beide Geraden
parallel sind!) Entsprechend wird BC auf die Gerade AD abgebildet. Also wird B – als
Schnittpunkt von AB und BC – auf D, dem Schnittpunkt der Bildgeraden von AB und
BC, abgebildet.

2. Jedes punktsymmetrische Viereck ist deshalb „automatisch" ein Parallelogramm, da –
als Eigenschaft der Punktspiegelung – Gerade und Bildgerade stets parallel sind.
Jedes punktsymmetrische Viereck besitzt demnach zwei Paare paralleler Gegenseiten,
und so ist ein Parallelogramm ja gerade definiert.

Die Eigenschaften des Parallelogramms, daß nämlich

a) je zwei Gegenseiten gleich lang sind,

b) je zwei Gegenwinkel gleich groß sind und daß

c) sich die Diagonalen gegenseitig halbieren,

gehören zu den wichtigsten Sätzen der Geometrie. Da man jetzt weiß, daß Parallelogramme punktsymmetrisch sind, sind diese Eigenschaften jedoch nichts anderes als die
auf eine Vierecksfigur bezogenen Eigenschaften der Punktspiegelung selbst. Die Begründung der Parallelogrammeigenschaften fällt einem also bei abbildungsgeometri-
scher Betrachtung der Parallelogrammfigur „in den Schoß"!

Warum ist Geometrie (k)eine Kunst? (Oder: Wozu Beweise?)

Antwort:

Die Frage klingt paradox[1]: Wieso ist Geometrie einerseits „Kunst" und warum ist sie es andererseits wieder nicht?

Auch Mathematiker sollten Spaß an Wortspielen haben! Was meinst du zu folgendem:

„Kunst" kommt doch – wer kennt die Redensart nicht – von „können". Warum ist dann alles, was wir (gut) können, „keine Kunst mehr"? Diese „Kunst" meinen wir aber zunächst nicht.

Was hat Geometrie mit echter Kunst zu tun?

Eine ganze Menge. In beiden Gebieten wird „gezeichnet". In beiden Gebieten spielen „Figuren" eine große Rolle. Gibt es doch außerdem sogar Kunstrichtungen, in denen Künstler die Natur in geometrischen Formen zeichnen (z. B. den sogenannten „Kubismus".) Außerdem braucht jeder darstellende Künstler Grundkenntnisse aus dem geometrischen Teilgebiet der Darstellenden Geometrie.

Trotzdem besteht ein grundsätzlicher Unterschied. Geometrische Figuren müssen „genau", „richtig", „begründbar" sein. Künstlerische Zeichnungen dagegen bedürfen keiner Rechtfertigung. Sie können nicht „richtig" oder „falsch" sein. Ein Kunstwerk ist keine Konstruktion!

Jean Metzinger: Landschaft (1911)

(Was ein Kunstwerk wirklich ist, ist andererseits aber keineswegs leicht zu beantworten. Sicher muß es neben dem Geist des Betrachters auch dessen Gefühl ansprechen. Mehr darüber lernst du im Kunstunterricht.)

Jedenfalls sind in diesem Sinne Geometrie und Kunst „zwei verschiedene Stiefel" und jeder drückt seinen Benutzer an einer anderen Stelle. Wo nun drückt die Geometrie?

Die Geometrie hat eine zweifache Aufgabe. Sie hat

1. die Konstruktion von Figuren nach bestimmten Gesetzen und Regeln zu ermöglichen, und sie hat

2. Denkhilfen bereitzustellen, mit denen möglichst viele Eigenschaften einer vorliegenden Figur logisch begründbar, d. h. beweisbar, werden.

---

[1] widersprüchlich

Mit dieser 2. Aufgabe ist Geometrie – und jetzt benutzen wir wieder ein Wortspiel – „die Kunst, aus falschen Figuren richtige Schlüsse zu ziehen!"

Was bedeutet diese Redensart?

Geometrische Informationen über Figuren erhält man nicht, indem man diese Figuren bloß „ansieht". Mit den Maßstäben computertechnischer Genauigkeit zum Beispiel, sind nämlich alle von uns konstruierten Figuren (erst recht etwa Handskizzen) ungenau, wenn nicht sogar fehlerhaft. Wahre Eigenschaften solcher Figuren können also nicht z. B. durch Nachmessen gefunden werden. Sie müssen – als geistige Arbeit – mit Hilfe geometrischer Gesetzmäßigkeiten und logischen Denkens (oft gepaart mit individuellem Einfallsreichtum) begründet und bewiesen werden.[1]

Beispiele:

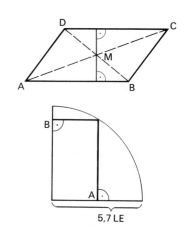

1. Wenn die nebenan gezeichnete Figur ABCD ein Parallelogramm sein soll, dann kann man „geometrisch beweisen", daß der Punkt M der Figur von den Geraden AB und CD „in Wirklichkeit" gleichen Abstand haben muß, ohne daß man dies nachmißt (oder auch, wenn dies in der gezeichneten Figur nicht mm-genau stimmt!)

2. Weiß man, daß der Bogen in der gezeichneten Figur ein Kreisbogen sein soll, dann schließt man, daß die beiden Punkte A und B genau 5,7 LE von einander entfernt sind, auch wenn dies in der Figur keineswegs mm-genau stimmt.

Unsere Wortspielereien über das Wesen der Geometrie und über die Notwendigkeit logischen Begründens sind noch nicht ganz zu Ende.

Was hältst du von folgendem „Puzzle":
„Geometrie ist die Kunst, aus richtigen Figuren keine falschen Schlüsse zu ziehen"?

Betrachte dazu die folgenden Beispiele bekannter „optischer Täuschungen", vor denen sich natürlich gerade ein Mathematiker besonders hüten sollte!

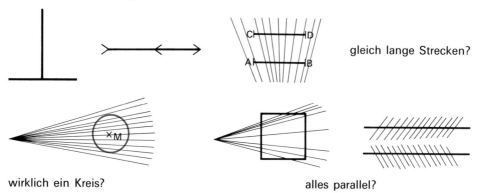

gleich lange Strecken?

wirklich ein Kreis?　　　　　　　　　　　alles parallel?

---

[1] In diesem Zusammenhang soll ein berühmter Mathematiker scherzhaft(?) gesagt haben, er hielte es sowieso für das Beste, „wenn man Geometrie nur nachts oder in dunklen Zimmern treibe."

Woran erkennt man Kreistangenten?

Antwort:

Für Kreistangenten gibt es drei verschiedene Erkennungsmerkmale:

1. Eine Gerade hat mit einem gegebenen Kreis genau einen Punkt gemeinsam.
2. Eine Gerade hat zum Mittelpunkt eines gegebenen Kreises den Abstand des Radius.
3. Eine Gerade steht in einem Punkt eines gegebenen Kreises auf dem Radius senkrecht.

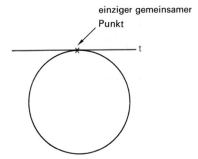
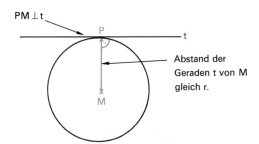

Zwischen den drei verschiedenen Erkennungsmerkmalen besteht folgender wichtiger Zusammenhang:

Eines der drei Erkennungsmerkmale stellt die *Definition* für den Begriff „Kreistangente" dar (und braucht somit nicht begründet zu werden), während die beiden anderen als *Lehrsätze* begründet werden müssen.

Der Begriff „Kreistangente" ist ein gutes Beispiel dafür, daß in der Geometrie nicht nur – wie bereits erwähnt – Axiome mit Lehrsätzen ausgetauscht werden können, sondern gelegentlich auch Definitionen mit Lehrsätzen. Zur Vermeidung von Fehlschlüssen bzw. unsinnigen Fragestellungen (vgl. die „Bananenfrage") ist es gerade deshalb äußerst wichtig, stets zu wissen, was „Definition" und was zu begründender „Lehrsatz" ist.

Beispiel

Definition:

> Eine Gerade, die genau einen Punkt mit einem Kreis gemeinsam hat, heißt *Tangente*.

Satz:

> Eine Gerade ist genau dann Tangente zu einem Kreis, wenn ihr Abstand zum Mittelpunkt gleich dem Radius ist.

Beweis des Satzes bei der gewählten Definition:

g sei Tangente mit dem *einzigen* Berührpunkt P. Für jeden von P verschiedenen Punkt X der Geraden g gilt dann: $\overline{MX} > r$. Das heißt, P selbst ist derjenige Punkt von g mit kleinstmöglicher Distanz zu M. Daher gilt:

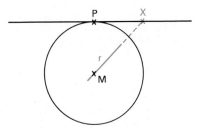

$$\overline{MP} = d(M; g) = r.$$

Umgekehrt folgt aus d (M; g) = r, daß für jeden von P verschiedenen Punkt X aus g gilt: $\overline{MX} > r$. Also liegt X im Außenbereich des Kreises und P ist somit der einzige gemeinsame Punkt der Geraden g und des Kreises. Daher ist g Tangente.

Beispiel
Definition:

> Eine Gerade, die in einem Punkt eines Kreises auf dem Radius senkrecht steht, heißt *Tangente.*

Satz:

> Eine Kreistangente hat mit dem Kreis genau einen Punkt gemeinsam.

Beweis des Satzes bei der gewählten Definition:

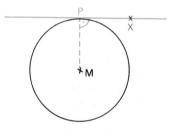

Der mit dem Kreis gemeinsame Punkt P der Geraden g ist – als Lotfußpunkt von M auf g – der *eindeutig* bestimmte Punkt von g mit kleinster Distanz (,,Satz vom Distanzminimum''). Damit hat jeder von P verschiedene Punkt X der Geraden g eine größere Distanz als r zu M und liegt somit im Außenbereich des Kreises. P ist somit der einzige gemeinsame Punkt der Geraden g und des Kreises.

Anmerkungen:
1. Im Aufgabenteil unseres Buches wurde als Definition für Kreistangenten die Anzahl der gemeinsamen Punkte gewählt.
2. Eine ähnliche Situation hinsichtlich der Vertauschbarkeit von Definition und Lehrsatz wie beim Begriff ,,Kreistangente'' liegt bei der Definition von ,,Parallelität'' von Geraden vor.
   1. Möglichkeit:
   Definition: Zwei Geraden der Zeichenebene heißen *parallel*, wenn sie keinen oder mehr als einen Punkt gemeinsam haben.
   Daraus folgt dann unter anderem der
   Satz: Parallele Gerade besitzen ein gemeinsames Lot.
   2. Möglichkeit:
   Definition: Zwei Geraden der Zeichenebene heißen *parallel*, wenn sie ein gemeinsames Lot besitzen.

   Daraus folgt dann unter anderem der Satz:

   Parallele Geraden haben keinen oder mehr als einen Punkt gemeinsam.

Wie beweist man die charakterisierende Eigenschaft des Tangentenvierecks?

Antwort:

Zu beweisen ist der Satz:

Genau in Tangentenvierecken ist die Summe der Längen zweier Gegenseiten gleich der Summe der Längen der beiden anderen Gegenseiten.

Die Aussage beinhaltet zwei Sätze:

Satz 1: In jedem Tangentenviereck ist die Summe der Längen zweier Gegenseiten gleich der Summe der beiden anderen Gegenseiten.

Der Beweis von Satz 1 ist leicht: mit dem Hinweis von Aufgabe 27 auf Seite 55 hast du ihn sicher schon geschafft.

Nun aber zum

Satz 2: Ein Viereck, in dem die Summe der Längen zweier Gegenseiten gleich der Summe der Längen der beiden anderen Gegenseiten ist, ist ein Tangentenviereck.

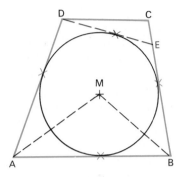

Den Satz beweist man „indirekt": Die Annahme, daß bei der gegebenen Voraussetzung $\overline{AB} + \overline{DC} = \overline{AD} + \overline{BC}$ das Viereck ABCD *kein* Tangentenviereck ist, führt zu einem Widerspruch:

Die drei Geraden AB, AD, BC haben sicher einen gemeinsamen Berührkreis (dessen Mittelpunkt ist der eindeutig bestimmte Schnittpunkt M der beiden Winkelhalbierenden in A bzw. B).

Angenommen nun, DC sei keine Tangente, dann gibt es von D aus eine andere Gerade, die Tangente an den Kreis ist. Diese schneide BC in E.

Dann gilt: (I) $\overline{AB} + \overline{DC} = \overline{AD} + \overline{BC}$ (Voraussetzung von Satz 2)

   (II) $\overline{AB} + \overline{DE} = \overline{AD} + \overline{BE}$ (Satz 1 für ABED!)

I–II ergibt: $\overline{DC} - \overline{DE} = \overline{BC} - \overline{BE} = \overline{CE}$

   Dies ist aber ein Widerspruch gegen die Dreiecksungleichung, die besagt, daß im Dreieck DEC $\overline{DC}$ kleiner sein muß als $\overline{DE} + \overline{CE}$.

Damit muß also bereits ABCD ein Tangentenviereck gewesen sein.

Wie beweist man den Umfangswinkelsatz?

Antwort:

Der Umfangswinkelsatz ist ein gutes Beispiel dafür, daß es in der Geometrie oft mehrere Möglichkeiten gibt, einen Satz zu beweisen. Man kann ihn nämlich durch einen „Berechnungsbeweis" begründen (für den man im wesentlichen nur den Winkelsummensatz für Dreiecke sowie den Basiswinkelsatz für gleichschenklige Dreiecke benötigt), oder man führt einen „Abbildungsbeweis" (für

Umfangswinkelsatz:

a) Alle Umfangswinkel über demselben Kreisbogen $\overset{\frown}{AB}$ sind gleich.

b) Jeder Umfangswinkel ist halb so groß, wie der zugehörige Mittelpunktswinkel.

c) Jeder Umfangswinkel ist so groß, wie der zugehörige „Sehnen-Tangentenwinkel".

den man dann die Kenntnis der Eigenschaften einer Drehung braucht.)
(Teil c) des Satzes beweist man in jedem Fall unter Benutzung von Teil b) durch
„Nachrechnen".)

A. Berechnungsbeweis

Beweisskizze: Gegeben ist μ; gesucht wird
φ.

– *Jeder* Umfangswinkel über dem Bogen
  $\overset{\frown}{AB}$ besitzt *denselben* zugehörigen Mittelpunktswinkel der Größe μ.
– Einzeichnen der Hilfslinie [MC] (Radius!); benennen des Hilfswinkels δ.
– Erkennen dreier gleichschenkliger Dreiek-
  ke: $\triangle AMB$, $\triangle AMC$, $\triangle BMC$ und ihrer
  Basiswinkel.
– Anwendung des Winkelsummensatzes für
  das Dreieck ABC.

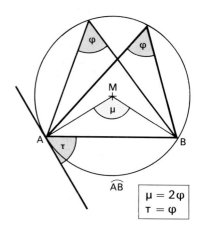

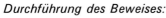

$$\mu = 2\varphi$$
$$\tau = \varphi$$

Durchführung des Beweises:

1. Angabe der Basiswinkelgröße für
   $\triangle AMB$: $90° - \frac{1}{2}\mu$ (aus der Winkelsumme im $\triangle AMB$)
   $\triangle AMC$: δ (eingeführte Hilfswinkelbe-
   zeichnung)
   $\triangle BMC$: $\varphi - \delta$ („Restwinkel" an der
   Spitze C).

2. Winkelsummensatz für $\triangle ABC$ und Auflö-
   sung der Gleichung nach φ:

   $[(90° - \frac{1}{2}\mu) + \delta] + \varphi +$
   $\quad + [(90° - \frac{1}{2}\mu) + (\varphi - \delta)] = 180°$
   $\Rightarrow \quad 180° - \mu + 2\varphi = 180°$
   also: $\qquad \varphi = \frac{1}{2}\mu$

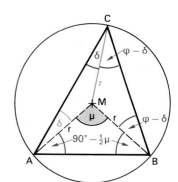

Dies ist der Beweis von Teil b) und somit
auch von Teil a) des Umfangswinkelsatzes.

3. Beweis von Teil c):

   Da eine Tangente im Berührpunkt auf dem
   Berührradius senkrecht steht, gilt:
   $\tau = 90° - (90° - \varphi)$
   $\Rightarrow \tau = \varphi$

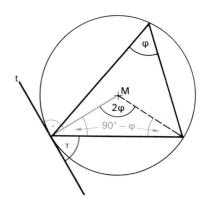

Ergänzungen zum Berechnungsbeweis:

a) Liegt der Scheitel von φ auf dem kürzeren
   Kreisbogen über der Sehne [AB], dann

„läuft" der Beweis — trotz der etwas anderen gegenseitigen Lage der Dreiecke — ganz entsprechend und man erhält:

$$[\delta - (\tfrac{1}{2}\mu - 90°)] + \varphi +$$
$$+ [(\varphi - \delta) - (\tfrac{1}{2}\mu - 90°)] = 180°$$

also $\varphi = \tfrac{1}{2}\mu$.

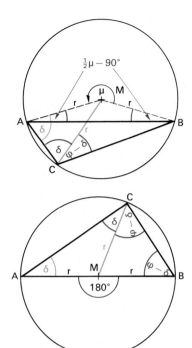

b) Ist die Sehne [AB] Durchmesser des Kreises, so wird der Umfangswinkelsatz zu einem Teil (s. u. bei „Ergänzungen zum Umfangswinkelsatz") des Satzes vom Thaleskreis:

Liegt ein Punkt P auf dem Kreis über einer Strecke [AB] als Durchmesser, so erscheint die Strecke [AB] von P aus unter einem rechten Winkel. Man erhält nämlich:

$$\delta + \varphi + (\varphi - \delta) = 180°$$
$$\Rightarrow 2\varphi = 180°$$
$$\Rightarrow \varphi = 90°$$

B. Abbildungsbeweis

Beweisskizze:

Da die drei Punkte A, B, C auf einem Kreis liegen, ist es naheliegend, an eine Drehung zu denken, die in der Figur passende Größen aufeinander abbildet.

Durchführung des Beweises:

Wir betrachten die Drehung, die man erhält, wenn man die Zweifachspiegelung S_a (Achsenspiegelung A → C) und S_b (Achsenspiegelung B → C) durchführt.

Was weiß man über diese Drehung?

1. a) Sie bildet zunächst A auf B ab (da gilt: A $\xrightarrow{a}$ C $\xrightarrow{b}$ B).

   b) Sie bildet damit die Gerade AM auf die Gerade BM ab und μ ist deshalb das Maß des Drehwinkels. (Gerade und Bildgerade schneiden sich unter dem Drehwinkelmaß!)

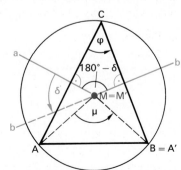

2. a) Andererseits ist der Drehwinkel bekanntlich doppelt so groß wie der Winkel zwischen den Achsen a und b, also gleich 2δ. (s. Zeichnung!)

   b) Daneben gilt im Viereck mit den Ecken M und C:
   $$(180° - \delta) + 90° + 90° + \varphi = 360°$$
   $$\text{also: } \delta = \varphi.$$

Somit hat man gezeigt, daß das Drehwinkelmaß der betrachteten Drehung einerseits μ und andererseits 2φ ist. Also: μ = 2φ.

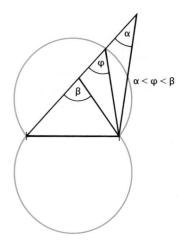

Ergänzung zum Umfangswinkelsatz:

Von allen Punkten *außerhalb* des Faßkreisbogenpaares erscheint die Strecke unter einem *kleineren* Winkelmaß; von allen Punkten, die *innerhalb* liegen, unter einem *größeren* Winkelmaß (Begründung: „Außenwinkelsatz" am Dreieck).

Diese Ergänzung begründet zusammen mit dem Umfangswinkelsatz, daß die Menge aller Punkte, von denen aus eine Strecke unter einem gleichen Winkelmaß erscheint, das Faßkreisbogenpaar zu diesem Winkelmaß über der Strecke als Sehne ist.

Warum sind reguläre Vielecke „eine runde Sache"?

Antwort:

Je größer die Eckenzahl eines regulären n-Ecks wird, desto weniger unterscheiden sich Umfang, Fläche und somit die „Form" des Vielecks von seinem einbeschriebenen oder umbeschriebenen Kreis.

In diesem Zusammenhang wird später sogar der Kreisumfang und die Kreisfläche mit Hilfe regulärer Vielecke ermittelt.

Die genaueren (vor allem die rechnerischen) Zusammenhänge erfährst du im Unterricht der nächsten Jahre. (Die hier gezeigten Figuren stammen z. B. aus dem Buch Basismathematik Geometrie 10 B.)

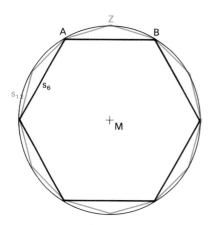

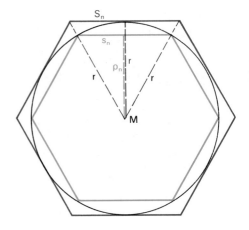

Wie beweist man die Flächenformel für das Parallelogramm?

Antwort:

Zur Herleitung der Flächenformel für das Parallelogramm benötigt man als Vorkenntnisse die Flächenformel für das Rechteck und die Überlegung, daß kongruente Figuren (gleich welcher Form) flächengleich sind.

Flächeninhalt eines Parallelogramms mit der Grundseitenlänge g und der Höhe h:

$$A_{Parallelogramm} = g \cdot h$$

So überlegt man im einzelnen:

Man zeigt, daß ein Parallelogramm mit der Grundseitenlänge g und der Höhe h denselben Flächeninhalt haben muß wie ein Rechteck mit den Seitenlängen g und h:

Errichtet man über der Grundseite [AB] des Parallelogramms ABCD das Rechteck ABC_1D_1 mit der gleichen Höhe wie das Parallelogramm, so gilt (vgl. die Figur):

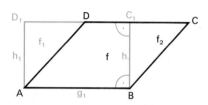

$A_{Parallelogramm} = A(f) + A(f_2)$

$A_{Rechteck} \quad = A(f) + A(f_1)$

Da die beiden Dreiecke ADD_1 und BCC_1 kongruent sind
(SsW: $\overline{AD} = \overline{BC}$; $\overline{AD_1} = \overline{BC_1}$; $|\sphericalangle AD_1D| = |\sphericalangle BC_1C| = 90°$) gilt:
$A(f_1) = A(f_2)$ und somit:

$A_{Parallelogramm} = A_{Rechteck} =$ „Grundlinie mal Höhe"

Ergänzungen
1. Beachte, daß an dieser Stelle der Flächeninhalt der Dreiecke AD_1D und BC_1C weder gebraucht wurde, noch hätte angegeben werden können: Die Flächenformel für's Dreieck kommt ja erst! Sie war aber auch gar nicht nötig. Es genügte zu wissen, daß kongruente Dreiecke flächengleich sind, ohne deswegen ihre Fläche berechnen zu müssen!
2. Für viele Aufgaben ist die Überlegung wichtig, daß als „Grundlinie" eines Parallelogramms nicht nur die Seite [AB] in Frage kommt, sondern ebenso die Seite [BC]. Somit hat man nämlich eine „zweite" Formel für die Parallelogrammfläche zur Verfügung:

$A = g_1 \cdot h_1 \quad$ oder $\quad A = g_2 \cdot h_2$.

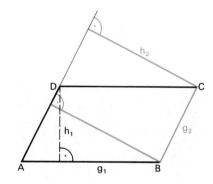

Wie beweist man die Flächenformel für das Dreieck?

Antwort:

Wir leiten die Flächenformel für das Dreieck auf zwei verschiedene Arten her.

1. Beweisidee:

Jedes Dreieck ist „ein halbes Parallelogramm"!

Durchführung des Beweises:

Jedes vorgegebene Dreieck läßt sich (z. B. durch eine Punktspiegelung am Mittelpunkt einer Seite) zu einem Parallelogramm ergänzen. Dabei ist dann das ursprüngliche Dreieck ABC zur anderen Hälfte des Parallelogramms (nämlich zu seinem Bilddreieck BA′C) kongruent.

Flächeninhalt eines Dreiecks mit der Grundseitenlänge g und der Höhe h:

$$A_{Dreieck} = \frac{1}{2} \cdot g \cdot h$$

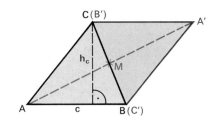

Somit gilt:
$$A_{Dreieck} = \frac{1}{2} \cdot A_{Parallelogramm} = \frac{1}{2}(c \cdot h_c)$$

2. Beweisidee:

Zeigen, daß ein Dreieck zerlegungsgleich ist zu einem Rechteck mit gleicher Grundseitenlänge, aber halber Höhe.

Durchführung des Beweises:

In der nebenstehenden Figur habe das grüne Rechteck die halbe Höhe wie das schwarze Dreieck. Also gilt:

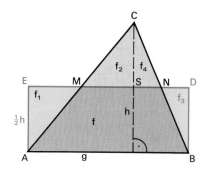

$$A_{Dreieck} = A(f) + A(f_2) + A(f_4)$$
$$A_{Rechteck} = A(f) + A(f_1) + A(f_3)$$

Da die Dreiecke AME und CMS sowie die Dreiecke BND und CNS jeweils nach SWW kongruent sind, folgt: $A(f_1) = A(f_2)$ und $A(f_3) = A(f_4)$ und somit:

$$A_{Dreieck} = A_{Rechteck} = g \cdot \frac{h}{2} = \frac{1}{2} \cdot g \cdot h$$

Ergänzungen

1. Beachte, daß ähnlich wie beim Parallelogramm, auch hier jede Seite als Grundlinie angesehen werden kann, so daß sich hier sogar drei Flächenformeln ergeben:
$$A = \frac{1}{2}c \cdot h_c \quad \text{oder} \quad A = \frac{1}{2}a \cdot h_a \quad \text{oder} \quad A = \frac{1}{2}b \cdot h_b$$

2. Beachte den Fortschritt, den deine Geometriekenntnisse mit der Berechenbarkeit von Parallelogramm- und Dreiecksflächen gemacht haben:
Du kannst jetzt auch Flächen berechnen, die nicht mehr mit Einheitsquadraten wie früher ausgelegt werden können, da sie ja „schiefe" Ecken besitzen!

(Noch fehlt allerdings die Möglichkeit, auch krummlinig berandete Flächen zu berechnen. Dies dauert noch einige Zeit: Kreise und Kreisteile lernst du in der 10. Klasse zu berechnen, noch allgemeinere Flächen erst in der Kollegstufe.)

Wie begründet man raumgeometrische Aussagen?

Antwort:

Die sogenannte „Raumgeometrie" ist keine andere Geometrie als die „ebene Geometrie". Sie ist lediglich eine umfangreichere Geometrie, da die betrachteten Punktmengen im allgemeinen nicht mehr alle in ein und derselben Ebene liegen. Begründungen von Aussagen über räumliche Punktmengen werden auf Begründungen aus der vertrauten ebenen Geometrie „zurückgespielt" und zwar mit folgenden Überlegungen:

In jeder einzelnen Ebene des Raums gelten die bekannten Gesetzmäßigkeiten der ebenen Geometrie unverändert weiter (z.B. gelten in jeder räumlichen Ebene die Kongruenzsätze für Dreiecke.) Man entdecke also für eine raumgeometrische Begründung im Raum geeignete Ebenen und ziehe „in" diesen notwendige Schlüsse. Zusätzlich benötigt man im allgemeinen noch die Kenntnis folgender raumgeometrischer „Anfangssätze" über räumliche Punkte, Geraden und Ebenen:

a) Drei nicht auf einer Geraden liegende Raumpunkte bestimmen genau eine Ebene.

b) Jede Ebene, die zwei verschiedene Punkte einer Geraden enthält, enthält die ganze Gerade.

c) Zwei Ebenen im Raum sind entweder parallel (d.h. sie haben keinen Punkt gemeinsam) oder sie schneiden sich in einer Geraden.

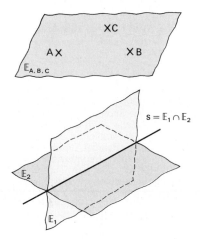

An einem Beispiel über Parallelität von Geraden und Ebenen im Raum wollen wir raumgeometrisches Begründen verdeutlichen.

Satz:

Sind zwei sich schneidende Geraden einer Raumebene $\mathbb{E}_1$ parallel zu einer Raumebene $\mathbb{E}_2$, dann sind die Ebenen $\mathbb{E}_1$ und $\mathbb{E}_2$ selbst zueinander parallel.

Beweis:

Zunächst gilt: Enthält eine Ebene $\mathbb{E}_1$ eine zu einer zweiten Ebene $\mathbb{E}_2$ parallele Gerade g und schneiden sich beide Ebenen, so ist die Schnittgerade s zur Geraden g parallel: Wäre nämlich s nicht zu g parallel, dann müßte s die Gerade g schneiden (Satz der ebenen Geometrie: Zwei nicht parallele Geraden einer Ebene müssen einen Punkt gemeinsam haben!). Damit wäre g aber entgegen der Annahme nicht parallel zu $\mathbb{E}_2$.

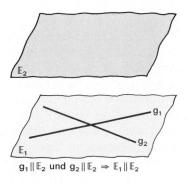

$g_1 \parallel \mathbb{E}_2$ und $g_2 \parallel \mathbb{E}_2 \Rightarrow \mathbb{E}_1 \parallel \mathbb{E}_2$

129

Eine eventuelle Schnittgerade zwischen $\mathbb{E}_1$ und $\mathbb{E}_2$ würde somit mit g_1 und g_2 innerhalb derselben Ebene $\mathbb{E}_1$ liegen und daneben sowohl zu g_1 und g_2 parallel sein. Dies ist aber ein Widerspruch im Rahmen der „ebenen Geometrie". Also sind die beiden Ebenen $\mathbb{E}_1$ und $\mathbb{E}_2$ tatsächlich (bereits dann) parallel, wenn *zwei* sich schneidende Geraden aus $\mathbb{E}_1$ zu $\mathbb{E}_2$ parallel sind.

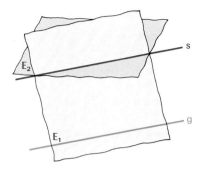

Woraus folgen die Eigenschaften einer räumlichen Parallelprojektion?

Antwort:

Vorbemerkung:
Parallelbeziehungen (zwischen Geraden; zwischen Ebenen; zwischen Geraden und Ebenen) sind in der Geometrie von besonderer Bedeutung. Fast alles, was du in der (Schul-)Geometrie lernst, „lebt" von Parallelität. Geometrie ist in diesem Sinne eine „Parallel-Geometrie".
Daß Parallelität geometrisch bedeutsamer ist, als z.B. Senkrechtstehen, erkennst du auch am Schrägbildverfahren der Darstellung geometrischer Körper: Parallelität von Punktmengen bleibt im Bild erhalten, während die Loteigenschaft einer Geraden oder Ebene im allgemeinen verloren geht.

Eigenschaften einer Parallelprojektion:

> a) Das Bild eines Parallelenpaares, das nicht zur Projektionsrichtung gehört, ist wieder ein Parallelenpaar.
>
> b) Zur Bildebene parallele Strecken werden auf gleich lange Strecken abgebildet.
>
> c) Das Teilverhältnis von Strecken ändert sich nicht.

Die Eigenschaften einer räumlichen Parallelprojektion ergeben sich als Sonderfälle raumgeometrischer Aussagen nach dem gleichen Prinzip, wie im letzten Frage-Antwort-Abschnitt.

Begründung der Eigenschaft a):

Die Gerade h_1 erzeugt zusammen mit einer Projektionsgeraden eine Ebene $\mathbb{E}_1$, die die Bildebene in der Bildgerade h_1' schneidet.
Entsprechend erzeugen h_2 und eine Projektionsgerade die Ebene $\mathbb{E}_2$.
Nach dem im letzten Frage-Antwort-Abschnitt bewiesenen Satz sind $\mathbb{E}_1$ und $\mathbb{E}_2$ parallel. Zwei parallele Ebenen werden von einer dritten Ebene aber in parallelen Geraden geschnitten (warum?)!

Also: $h_1 \parallel h_2 \Rightarrow h_1' \parallel h_2'$.

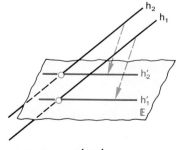

a) $h_1 \parallel h_2 \Rightarrow h_1' \parallel h_2'$

Begründung der Eigenschaft b):

Die Ebene, die durch die Gerade AB und einem Projektionsstrahl erzeugt wird, schneidet die Bildebene in einer zu AB parallelen Geraden (vgl. im letzten Frage-Antwort-Abschnitt.)
Deswegen bildet A'B'BA ein (ebenes) Parallelogramm und in diesem sind bekanntlich Gegenseiten gleich lang.

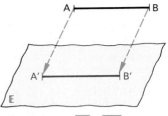

b) $[AB] \parallel \mathbb{E} \Rightarrow \overline{AB} = \overline{A'B'}$

Begründung der Eigenschaft c):

Zunächst zeigen wir, daß als Sonderfall eines Teilverhältnisses die *Mittelpunktseigenschaft* bei einer Parallelprojektion erhalten bleibt.
Dazu fällen wir in der gezeichneten Figur von M und M' jeweils ein Lot auf die Geraden AA' und BB'.

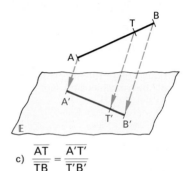

c) $\dfrac{\overline{AT}}{\overline{TB}} = \dfrac{\overline{A'T'}}{\overline{T'B'}}$

Dann gilt:

$\triangle AMF_1 \cong \triangle BMF_4$ (SWW) $\Rightarrow \overline{MF_1} = \overline{MF_4}$

Da $F_2M'MF_1$ und $F_3M'MF_4$ Rechtecke sind, folgt:

$\overline{F_2M'} = \overline{F_1M} = \overline{MF_4} = \overline{M'F_3}$, also:

$\overline{F_2M'} = \overline{M'F_3}$.

Damit ist dann $\triangle A'M'F_2 \cong \triangle B'M'F_3$ (WSW)
und deshalb $\overline{A'M'} = \overline{B'M'}$. M' ist also Mittelpunkt!

Parallelprojektionen erhalten demnach die Mittelpunktseigenschaft!

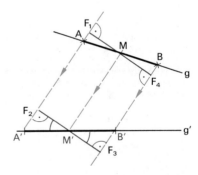

Nun sei das Teilverhältnis, in dem ein Punkt T die Strecke [AB] teilt, ein beliebiger Quotient m : n.
Dann zerlegen wir [AB] in m + n gleich lange Teilstrecken (s. unten „Ergänzungen"). Aufgrund der Beibehaltung der Mittelpunktseigenschaft bei einer Parallelprojektion zerlegen dann die Punkte S_1', S_2', ... die Strecke [A'B'] in m + n gleich lange Teilstrecken.

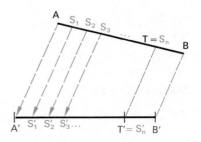

Also gilt: $\overline{AT} : \overline{TB} = \overline{A'T'} : \overline{T'B'}$.

1. Die Zerlegung einer vorgegebenen Strecke [AB] in eine bestimmte Anzahl n gleich langer Teilstrecken geschieht durch folgende Konstruktion:
Wir tragen auf einer Halbgeraden s ($A \in s$, $s \nparallel AB$) von A aus n gleich lange Strecken $[AS_1]$, $[S_1S_2]$, ... $[S_{n-1}S_n]$ ab. Die Parallelen zu S_nB durch die Punkte S_1, ..., S_{n-1} schneiden [AB] in den gesuchten Teilungspunkten.
(Die Begründung dieser Konstruktion ergibt sich aus der Beibehaltung der Mittelpunktseigenschaft bei einer Parallelprojektion. Zum Beispiel ist nämlich S_2 Mittelpunkt von $[S_1S_3]$ und somit T_2 Mittelpunkt von $[T_1T_3]$.)

2. Die Beibehaltung des Teilverhältnisses gilt natürlich nicht für Strecken, die zur Projektionsrichtung parallel sind: Das Bild solcher Strecken ist ein Punkt!

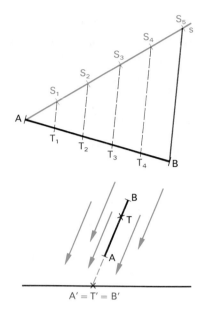

$A' = T' = B'$

Woher kommt die Volumenformel für das gerade Prisma?

Antwort:

Zur Herleitung der Volumenformel für das gerade Prisma benutzt man die Überlegung, daß alle geraden Prismen mit zerlegungsgleichen Grundflächen und gleichen Höhen volumengleich sind. Dann kann man die Volumenberechnung eines Prismas auf das Volumen eines Quaders zurückführen.

Im einzelnen begründet man so:

Wir zerlegen ein gegebenes Prisma zunächst in dreiseitige Prismen (vgl. die gezeichneten Figuren).

Jedes dreiseitige Prisma ist dann zerlegungsgleich einem Quader (da jedes Dreieck zerlegungsgleich zu einem Rechteck ist).

Für die Volumina der dreiseitigen Prismen gilt also:

$$V_1 = G_1 \cdot h, \quad V_2 = G_2 \cdot h, \quad V_3 = G_3 \cdot h.$$

Damit erhält man:

$$V_{Prisma} = V_1 + V_2 + V_3 = G_1 \cdot h + G_2 \cdot h + G_3 \cdot h =$$
$$= (G_1 + G_2 + G_3) \cdot h = G \cdot h$$

Volumen eines geraden Prismas mit dem Grundflächenmaß G und der Höhe h:

$$V = G \cdot h$$

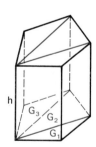

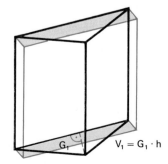

$V_1 = G_1 \cdot h$

Stichwortverzeichnis

Hinweis: Angaben in Klammern bedeuten die jeweilige Beispiel- bzw. Aufgabennummer der betreffenden Seite.

Bildverzeichnis

Umschlagfoto: Andrea-Maria Leiber, Arget/München